大豆玉米带状复合种植技术
百问百答

主编　陈　新　俞春涛

江苏凤凰科学技术出版社 · 南京

图书在版编目（CIP）数据

大豆玉米带状复合种植技术百问百答 / 陈新等主编. —南京：江苏凤凰科学技术出版社，2023.9

ISBN 978-7-5713-3645-5

Ⅰ. ①大… Ⅱ. ①陈… Ⅲ. ①大豆－玉米－带状种植－问题解答 Ⅳ. ①S565.1-44②S513-44

中国国家版本馆CIP数据核字（2023）第116277号

大豆玉米带状复合种植技术百问百答

主　　编	陈　新　俞春涛
责任编辑	张小平
责任校对	仲　敏
责任印制	刘文洋
出版发行	江苏凤凰科学技术出版社
出版社地址	南京市湖南路1号A楼，邮编：210009
出版社网址	http://www.pspress.cn
照　　排	江苏凤凰制版有限公司
印　　刷	江苏凤凰通达印刷有限公司
开　　本	880mm×1 240mm　1/32
印　　张	3.375
字　　数	90000
版　　次	2023年9月第1版
印　　次	2023年9月第1次印刷
标准书号	ISBN 978-7-5713-3645-5
定　　价	26.00元

《大豆玉米带状复合种植技术百问百答》

编者名单

顾　　问　孙洪武　杜永林　管永祥　杨洪建

主　　编　陈　新　俞春涛

副 主 编　薛晨晨　袁星星　杨　力　孔令杰

编著人员　（按拼音字母排序）

常　春　陈春化　陈国清　陈华涛　陈艳萍
崔晓艳　崔亚坤　伏广成　郭　娜　韩必荣
胡曙鋆　黄　波　黄　璐　冀　鹏　李　健
陆大雷　缪亚梅　沙　琴　王春吉　王红春
王　军　王文彬　王　幸　王学军　王媛媛
吴　燕　夏先飞　徐海风　杨加银　郁　伟
袁建华　张红梅　张洪树　张林青　张晓燕
张英虎　赵晋铭

目 录

第一章 概 述

要点提示

随着我国对“扩大豆”的日益重视，大豆玉米带状复合种植模式在国内得到全面推广应用。江苏省作为国内大豆和玉米的主要种植省份之一，也开展了适宜江苏省推广的大豆玉米带状复合种植模式的改良和应用。

1. 什么是大豆玉米带状复合种植技术?

大豆玉米带状复合种植是在传统间作的基础上创新发展而来的，采用宽窄行田间布置方式，充分发挥高位作物玉米的边行优势，扩大低位作物大豆的受光空间，实现大豆玉米带状间作套种，年际间交替轮作，达到适应机械化作业、作物间和谐共生的一季双收的绿色高效种植模式。

2. 为什么要开展大豆玉米带状复合种植?

（1）大豆玉米带状复合种植符合国家战略任务的要求

大豆和玉米是集粮食、饲料及加工多用途于一体的重要农作物，是我国供需缺口最大的农产品。2022 年玉米需求量 3 亿吨左右，进口约2 000万吨；大豆年需求量1.1亿吨左右，约9 000万吨需要进口。大豆的比较效益低于玉米，近年来东北、华北和黄淮海粮豆主产区玉米种植面积不断扩大，大豆种植面积急剧缩减，大豆玉米争地矛盾突出，已成为我国粮食主产区一种长期存在的局面，妨碍着国家粮油安全和大豆产业健康发展，成为国家急需破解的难题。

2022年中央一号文件明确提出在黄淮海、西北、西南地区推广大豆玉米带状复合种植，大力实施大豆和油料产能提升工程。大豆玉米带状复合种植是稳玉米、扩大豆的有效途径，能够充分利用土地和空间资源，实现大豆玉米兼容发展，提高大豆产能和自给率，对保障粮食安全具有重要的战略意义。

（2）大豆玉米带状复合种植符合农民增效增收的需求

大豆玉米带状复合种植主要是通过玉米缩行增密、行间扩种大豆，可实现玉米产量与纯作相当，每亩多收大豆100 ～ 150千克，农民纯收入增加300 ～ 400元/亩。而且利用大豆根瘤菌固氮，每亩可减施氮肥4千克。带状复合种植集高效耕作、绿色增效为一体，为大豆产能增加提供了新途径。推广大豆玉米带状复合种植技术符合减肥增效、提高经济效益的需求。

（3）大豆玉米带状复合种植符合农业可持续发展的需要

大豆玉米带状复合种植通过免耕秸秆覆盖、根瘤菌固氮、分带轮作等技术，有效降低了能源消耗，减少了碳氮排放，减轻了连作障碍，改善了土壤结构，增强了土壤肥力，这对有效保护耕地，促进农业可持续发展具有积极的作用（图1–1）。

3. 我国大豆消费和供给总体情况如何？

近年来，随着人们生活水平的提高以及畜牧业的发展，我国对大豆的需求大幅增长，国产的大豆主要满足食用消费需求，进口大豆则主要用于食用植物油和畜牧业饲料蛋白等方面的需求。2011—2020

图 1-1 免耕秸秆覆盖改善土壤结构

年，我国大豆的年均产量约为 1 483 万吨，其中 2020 年大豆产量达到 1 960 万吨，但这样的产量远不能满足国内日益增长的消费需求。根据我国海关公布的数据，2011—2020 年，大豆进口量整体呈现上升趋势，至 2020 年，大豆进口量首次超过 1 亿吨。2021 年进口量为 9 654 万吨，2022 年进口量为 9 108.1 万吨，连续 2 年进口量下降，但短期内我国大豆消费仍难以摆脱对外依赖的局面。

4. 我国玉米消费和供给总体情况如何？

我国作为全球最主要的玉米生产国、消费国和出口国，伴随着全球玉米需求浪潮的巨大扩张，国内的玉米消费也出现大幅上涨，一方面是饲料消费增长，另一方面是国内深加工消费增长，使得国内的供求关系发生了明显的变化。

据智研咨询数据，2022 年我国玉米需求量约为 29 782 万吨，较 2021 年减少了约 1 251 万吨；2022 年我国玉米产量达 27 720 万吨，较 2021 年增加了约 465 万吨。为满足国内消费需求，2022 年的玉米进口量为 2 062 万吨，尽管较 2021 年减少了 773 万吨，但仍处于高位，国际市场对国内玉米产业的影响不断加深。

5. 江苏省大豆玉米带状复合种植有哪些主要创新成果?

江苏省大豆玉米带状复合种植技术研究团队由江苏省农业科学院、江苏省农业技术推广总站等单位联合而成，主要围绕适宜品种筛选、栽培管理、病虫草害绿色防控等关键技术做了多年研究。

江苏省农业科学院豆类研究团队经过“十三五”时期协同攻关，其中“优质抗病大豆新品种筛选与示范推广”创新成果获江苏省科学技术奖二等奖，“特粮特经多元多熟高效种植技术”连续多年被列为江苏省主推技术，以上新成果为江苏省大豆玉米带状复合种植模式中大豆适宜品种筛选和关键种植技术的研究示范奠定了良好基础。

江苏省农业科学院粮食作物研究所是较早开展玉米育种、栽培、推广的单位，具有扎实的研究基础和技术积累，获得了多项省部级成果奖。其中“鲜食糯玉米核心种质创制及系列品种选育与产业化应用”获神农中华农业科技奖二等奖、“长三角区域优质特色甜玉米新品种培育及产业化”获神农中华农业科技奖三等奖、“甜糯结合型鲜食玉米育种技术创制与应用”获南通市科技进步奖三等奖、“甜糯型鲜食玉米‘明玉 1203’产业链技术体系研究与应用”获南通市科学技术推广奖二等奖、“彩色鲜食玉米‘江南花糯’品种选育与产业化开发”获江苏省科技进步奖三等奖、“特粮特经高效生产技术推广及产业化开发”获江苏省农业技术推广三等奖。上述诸多创新成果为江苏省大豆玉米带状复合种植（以下简称“带状复合种植”）在品种选育、优质生产、模式集成和新技术推广等方面奠定了较好的基础。

6. 带状复合种植的总体目标是什么?

通过“选配良种，扩间增光，缩株保密”核心技术，在保证玉米基本不减产的情况下，增收一季大豆，提高复种指数和土地产出率，通过调控行株距，实现玉米种植密度与纯作相当，大豆种植密度达到纯作的70%，在同一地块里大豆玉米和谐共生、一季双收，实现增大豆、稳玉米的生产目标。

7. 带状复合种植的基本原则是什么?

一是坚持稳粮与增豆并重。通过大面积推广应用大豆玉米带状复合种植技术，力争玉米单产与纯作基本相当，尽可能增加大豆产量，争取大豆平均亩产达到100千克以上。

二是坚持生产与生态协调。贯彻绿色发展理念，集成创新适合推广区域的大豆玉米带状复合种植技术模式，实现作物带间轮作，改良土壤结构，减少病虫害发生，降低化肥农药使用量。

三是坚持试验与推广衔接。在2～6行大豆、2～4行玉米范围内，开展不同模式配比试验，以及机播、施肥、除草、机收等关键技术、投入品、装备试验，检验应用效果、优化技术参数、总结典型模式，以点带区扩面加大技术推广应用。

8. 带状复合种植有哪些基本要求?

（1）品种要求

玉米应选用紧凑或半紧凑型及株高矮的耐密抗倒、适宜机械化收获的高产良种；大豆应选用耐阴、耐密、抗倒、宜机收的高产良种。注意品种间的合理搭配，充分发挥作物品种的自身遗传特性，挖掘其品种潜力，降低带状间套作环境变化对其产量造成的影响。

（2）模式要求

确定模式的关键是要保证带状复合种植玉米密度与纯作相当，大豆密度达到纯作密度的70%以上。要综合考虑当地纯作玉米和大豆的种植密度、整地情况、地形地貌、农机作业条件等因素，确定适宜的大豆带和玉米带的行数、带内行距、两个作物带间行距、株距。

（3）机械化要求

优先推荐同机播种施肥一体化作业。覆膜地区选用大豆玉米一体化覆膜播种机，不覆膜地区选用大豆玉米一体化播种机。异机播种的，也可通过更换播种盘、增减播种单体，实现玉米大豆播种用同一款机型。

（4）科学施肥要求

统筹考虑玉米大豆施肥，增施有机肥料，控制氮肥用量、保证磷钾肥用量，适当补充中微量元素。鼓励接种大豆根瘤菌，减少大豆用氮量、保证玉米用氮量，相对纯作不增加施肥作业环节和工作量，实现播种施肥一体化，有条件的地方尽量选用缓（控）释肥。

（5）化学调控（简称“化控”）要求

玉米化控降株高。适用于风大、易倒伏的地区和水肥条件较好、生长偏旺、种植密度大、品种易倒伏、对大豆遮阴严重的田块。密度合理、生长正常地块可不化控。在化控药剂最适喷药时期喷施，注意控制合适的药剂浓度，均匀喷洒于上部叶片，不重喷、不漏喷。喷药后 6 小时内若遇雨淋，则可在雨后酌情减量再喷 1 次。

大豆控旺防倒伏。带状间作在播种后 40 ～ 50 天，带状套作从大豆苗期开始，大豆受玉米遮阴影响逐步显现，容易导致大豆节间过度伸长，株高增加，茎秆强度降低，严重时主茎出现藤蔓化，加重后期倒伏风险，造成机收困难，百粒重降低。生产中常在大豆分枝期、初花期用化控药剂叶面喷施，对大豆苗期荫蔽较重地块，可提前至 2 ～ 3 个复叶时多喷 1 次。上述调节药剂可与非碱性农药、微量元素复合肥混合使用。

（6）病虫害防控要求

以大豆玉米复合种植模式为主线，以间套作期间两种作物主要病虫害协调防控为重点，综合应用农业防治、生态调控、理化诱控、生物防治和科学用药等措施，实施病虫害全程综合防控，切实提高防控效果，降低病虫危害损失。

(7)杂草防除要求

坚持“播后苗前土壤封闭处理为主、苗后茎叶喷施处理为辅”的除草剂施用策略，根据不同区域特点、不同种植模式，以及作物生长和杂草的发生时期，既要考虑当茬大豆和玉米生长安全，又要考虑下茬作物和来年大豆玉米带状复合种植轮作倒茬安全，科学合理选用除草剂品种和施用方式（图 1–2）。

图 1–2 杂草高发期田间状况

(8)机械收获要求

有玉米先收、大豆先收和玉米大豆同时收 3 种模式。

玉米先收，适用于玉米先于大豆成熟的区域，主要在西南带状套作区及华北带状间作区。该模式播种时应在地头种植玉米，收获时先收地头玉米，利于机具转行收获，缩短机具空载作业时间，选择宽度不大于大豆带间距离的玉米收获机。

大豆先收，适用于大豆先于玉米成熟的区域，主要在黄淮海、西北等地的带状间作区。该模式播种时应在地头种植大豆，收获时先收地头大豆，利于机具转行收获，缩短机具空载作业时间，选择宽度不大于玉米带间距离的大豆收获机。

大豆玉米同时收，适用于玉米大豆成熟期一致的区域，主要在西北、黄淮海等地的间作区。该模式有 2 种形式：一是采用当地生产上常用的玉米收获机和大豆收获机机型，一前一后同时收获玉米和大豆；二是对青贮玉米和青贮大豆采用青贮收获机同时收获粉碎。

9. 江苏省扩种大豆的途径有哪些?

一是利用盐碱地种植大豆，江苏有 600 万亩沿海滩涂可用于耐盐碱大豆种植，但耐盐碱品种的选育需要一定时间；二是大豆与幼龄果树间作套种，存在机械化问题且面积有限；三是大豆玉米带状复合种植，可改良土壤结构，经济效益、社会效益和生态效益同步提升，是目前最佳的栽培模式。

10. 带状复合种植在全国的推广情况怎么样?

根据 2021 年中央农村工作会议精神和《“十四五”全国种植业发展规划》，2022 年将在全国 16 个省（区、市）推广大豆玉米带状复合种植 1 550 万亩，2023 年为 2 000 万亩，预计到 2025 年，全国推广面积达 5 000 万亩。

11. 带状复合种植在江苏省的推广情况怎么样?

一是组织领导方面。建立健全了大豆玉米带状复合种植工作推进机制。成立了大豆玉米带状复合种植协调推进小组和专家指导组，统筹各方力量，协调推进完成推广任务。

二是技术服务方面。对照大豆玉米带状复合种植技术省级指导意见，选择了适合本地的技术模式，在种植技术、机械作业、品种选择、施肥施药等关键环节进行面对面、手把手培训，确保了承担推广任务的农业经营主体尽快掌握技术要领。落实一批示范基地，组织开展绿色高质高效创建，推动适宜品种技术和机具装备的示范试验、熟化集成和推广应用，建设了一批百亩攻关方、千亩示范片，统筹推进大豆玉米兼容发展、粮食油料协调发展。

三是政策扶持方面。积极宣传和落实省级以上财政补贴政策，在中央财政每亩补贴基础上，省财政再给予一定的补贴，并安排专项经费，在中央农机购置补贴之外，再给予专用机具购置省级补贴。加大对带状复合种植基础设施建设、技术试验示范、农民培训、专用机械购置、社会化服务、病虫害防控、绿色高质高效创建等支持力度，充分调动了种植主体积极性。

四是产销对接方面。提前与加工龙头企业等沟通协调，争取签订收购订单，稳定农民收益预期。

12. 干籽粒模式和鲜食模式种植效益分别如何?

① 带状复合种植干籽粒模式：玉米产量与当地纯作相当，平均亩增收大豆 100 ～ 110 千克，亩增加效益 250 ～ 300 元。

② 带状复合种植鲜食模式：玉米产量与当地纯作相当，平均亩增收大豆鲜荚 400 ～ 500 千克，亩增加效益 1 200 ～ 1 500 元。

13. 带状复合种植有哪些经济效益与生态效益?

经济效益：大豆玉米带状复合种植模式通过核心技术和配套技术应用，破解了间作套种作物不能高产的难题．同时采用该技术配套的种肥播种机、分带喷雾机、小型收获机，可基本实现全程机械化，在提高经济效益的同时降低了劳动成本，提高了生产者采用此模式的积极性。

生态效益：大豆玉米带状复合种植可以提高单位农田的有效光合面积，提高光能利用率；大豆根瘤菌具有固氮作用，可以培肥土壤，有效减少施氮量和化肥的投入使用；大豆因玉米的遮挡可避免部分害虫的侵害，减少农药使用量，带来良好的生态效益（图 1–3）。

图 1-3　大豆玉米田间生长状态

14. 带状复合种植的发展前景如何?

大豆玉米带状复合种植在提高经济效益的同时，还有明显的生态效益，对农业可持续发展具有重要意义。该种植模式是保障玉米生产能力和提高大豆自给率的新途径、新方式，具有较好的推广应用前景，对于促进农业增效、农民增收和乡村振兴贡献重大，社会效益显著。

15. 带状复合种植未来发展趋势怎么样?

我国大豆和玉米需求增长快于产量增长，生产成本高于世界主要出口国，耕地资源短缺使玉米与大豆争地的矛盾加剧，上述现状短期内难以改变。为推进我国大豆和玉米产业高质量发展，有效保障粮食安全，应进一步加强农业科技研发，开展良种筛选，配套行比种植模式优化、机械筛选和栽培管理技术等工作，完善大豆玉米带状复合种植技术，开展技术集成熟化，加大该技术的推广力度，更好地助力产业富民和乡村振兴。

第二章
大豆玉米带状复合种植栽培技术

要点提示

不同于纯作大豆和纯作玉米的栽培技术，大豆玉米带状复合种植栽培技术需要选择专用的大豆品种和玉米品种，在播种、施肥、灌溉等各个方面均需要兼顾大豆和玉米的生长习性，既不能一概而论，也不能各说各话。精细的栽培和管理技术，是大豆玉米带状复合种植模式推广成功的重要保障。

16. 我国大豆区域类型有哪些?

我国除青藏高原的寒冷地区和新疆维吾尔自治区、内蒙古自治区的干旱地区外，均有大豆栽培。按地理、气候、栽培制度和品种类型，分为 3 个大区和 10 个亚区。

① 北方春大豆区。一年一熟，生育期自 4 月中旬至 9 月。此区南界自西向东为北纬 35 度至 40 度，北界略高于北纬 50 度。分 3 个亚区，即东北亚区、北部高原亚区和西北亚区。其中东北亚区为我国大豆第一主产区，种植面积占全国的 30% ～ 40%，产量占 35% ～ 44%。

② 黄淮海夏大豆区。大豆与小麦轮作，一年两熟，生育期为6月中下旬至10月初。此区南界为北纬33度，北界为北纬40度，属于暖温带。分2个亚区，即黄淮亚区和冀晋中部夏春大豆亚区。其中黄淮亚区为我国大豆第二主产区，种植面积占全国的30% ～ 42%，产量占32% ～ 40%。

③ 南方多作大豆区。沿淮河和秦岭以南在北纬18度至33度，雨水和热量充足，一年两熟至三熟。该区为水稻主产区，大豆种植面积只占耕地的4% ～ 5%。该区春大豆于3月至4月播种，7月成熟；夏大豆5月至6月播种，10月成熟；秋大豆7月底8月初播种，11月上中旬成熟。该区分5个亚区，即长江流域夏、春大豆亚区，东南部秋、春大豆亚区，中南部春、夏、秋大豆亚区，西南高原大豆亚区，华南多作大豆亚区。

17. 江苏省及其周边地区大豆品种主要有哪些类型?

江苏省的大豆种植类型包括干籽粒型和鲜食型，按种植时间可分春播和夏播。其中干籽粒型为夏播大豆，鲜食型包括春播型和夏播型。江苏春播鲜食大豆主要是2月至5月播种，6月至8月收获，适宜的品种主要有‘苏成4号’‘苏新6号’‘苏早1号’‘新三号’‘台湾292’‘95-1’等。江苏的夏播大豆可分为淮北区和淮南区。淮北区适宜选用黄淮海区域的夏大豆品种，适宜播期是6月初至6月中旬，原则上不能迟于6月下旬；适宜的品种有‘苏豆21’‘徐豆13’‘徐豆18’‘淮豆13’‘淮豆16’‘泗豆195’‘灌豆4号’‘南农47’‘南农54’‘通豆7号’‘通豆8号’等。淮南区夏大豆播期弹性较大，适宜播期为6月中旬至6月底，最迟可以播种到7月中旬。不同的播期应该选择不同熟期的品种，适宜的早熟品种有‘苏夏18’‘徐豆18’‘徐豆13’等；中熟品种有‘通黄15’‘苏豆13’‘徐豆28’‘南农58’‘南农43’‘通豆13’等；播种较迟的需选择晚熟品种，否则大豆营养体太小，产量不高，主要品种有‘通豆7号’‘通豆11’等。

18. 带状复合种植大豆品种选择有哪些要点?

大豆玉米带状复合种植大豆植株生长在玉米行间，后期生长受到玉米的影响，因此，大豆品种除了要选择适宜区域的品种外，还要注意宜选用耐阴、耐密、抗倒、早熟、抗病和宜机收的品种。

19. 我国玉米区域类型有哪些?

玉米是我国主要的粮食作物，我国玉米带从东北到西南形成了一个斜长的玉米分布区，分布在低地平原、丘陵和高原山区等不同自然条件下。主要分为6个大区：北方春播玉米区、黄淮海夏播玉米区、西南山地玉米区、南方丘陵玉米区、西北内陆玉米区、青藏高原玉米区。

（1）北方春播玉米区

该区位于北纬40度以北，包括黑龙江、吉林、辽宁、内蒙古、宁夏，河北、陕西两省的北部，山西大部分和甘肃的一部分地区，是我国玉米主要产区之一。该区域玉米基本上为春播一年一熟制，以玉米纯作和玉米大豆轮作为主要栽培方式。

（2）黄淮海夏播玉米区

该区包括黄河、淮河、海河流域中下游的山东、河南的全部，河北的大部，山西中南部、陕西关中和江苏的徐淮地区，是我国最大的玉米集中产区。该区属于一年两熟（冬小麦—夏玉米）、两年三熟制（春玉米—冬小麦—夏玉米），种植方式多种多样，间套复种并存。

（3）西南山地玉米区

该区也是我国的玉米主要产区之一，包括四川、云南、贵州，湖北、湖南两省的西部，陕西南部和甘肃的小部分。种植制度从一年一熟到一年多熟兼而有之。

（4）南方丘陵玉米区

该区的分布范围很广，包括广东、海南、福建、浙江、江西、台湾，江苏、安徽的南部，广西、湖南、湖北的东部。该区也是我国水稻的主产区，历来实行多熟制，从一年两熟到三熟或四熟，常年都可种植玉米。

（5）西北内陆玉米区

该区包括甘肃河西走廊一带和新疆全区。玉米播种面积约占全国玉米总播种面积的 3%。该区属大陆性气候，气候干燥，全年降水量在 200 毫米以下，甚至有的地方全年无雨。种植制度以一年一熟春玉米为主。

（6）青藏高原玉米区

该区包括青海和西藏，玉米栽培历史短，播种面积小，多分布在青海东部农业区的民和、循化、贵德、乐都、大通等地，西藏只局限在海拔较低、气候温暖的地区。种植制度除海拔较低地区有部分两年三熟制外，主要是一年一熟制。

20. 江苏省玉米类型和产业分布是怎样的？

根据玉米籽粒的类型和用途，可将玉米分为特用玉米和普通玉米两大类。特用玉米是指有特殊的用途和加工要求，具有较高的经济价值、营养价值或加工利用价值的玉米，如高赖氨酸玉米、糯玉米、甜玉米、甜糯型玉米、爆裂玉米、高油玉米、高淀粉玉米、高直链淀粉玉米、笋玉米等。特用玉米以外的玉米类型即为普通玉米，根据收获方式的不同分为粒用玉米和青贮玉米。江苏省种植的玉米类型主要为粒用玉米、青贮玉米、糯玉米、甜玉米、甜糯型玉米等。

江苏省地处黄淮海玉米区和南方丘陵玉米区的交界区域，具有两个区域的特点和过渡区域特点。玉米产区主要分布在苏北和东部沿海地区，播种时间分为春播和夏播。青贮玉米根据养殖业的产业需求布局，在盐城、宿迁、连云港、南通、徐州等地通过种植粮饲兼用型品种满足产业需要。糯玉米、甜糯型玉米、甜玉米等鲜食玉米种植区域由南通、苏州、常州等向徐州、连云港等地扩展，在加工、流通企业及经纪人的带动下形成了具有地方特色的鲜食玉米产业集中区。

21. 带状复合种植的玉米品种选择原则有哪些？

玉米作为我国重要的粮食作物，对其品种的推广应用有严格的审定准入制度。不同玉米品种对不同环境条件的适应性各不相同，根据各地的气候特点和玉米的适应性，大致将玉米的适宜区域进行了划分。全国分为东北、黄淮海、西北、东南和西南玉米区；江苏省分为淮南玉米区和淮北玉米区，淮南玉米区分为春播玉米和夏播玉米。玉米品种在推广应用前，要通过品种审定，对其丰产性、稳产性、适应性、抗逆性等特征特性进行小区鉴定试验（含品种比较试验和区域试验）和大区验证试验。同时对品种的品质、DNA 指纹、转基因成分、抗病性等性状进行检测。育种单位根据品种特性选择最适生态区参加试验。

行家指点

省级品种（系）审定试验要经历 3 ~ 4 年，每年 10 个点次以上的田间鉴定，充分评估玉米新品种（系）的优缺点，综合评价新品种（系）推广应用的价值和风险，达到审定标准才允许推广。

虽然品种审定制度设置多年多点试验，但是仍然无法覆盖所有气候特点、环境条件和种植模式，生产者在选择新品种时，不可盲目求新，应先小规模试种，再逐步扩大规模。

大豆玉米带状复合种植模式选用的玉米品种应具备合法推广资格，必须是经国家或省级审定或引种的玉米品种，审定的适宜区域必须覆盖本地。

22. 适宜带状复合种植的玉米品种有哪些特点?

大豆玉米带状复合种植过程中，玉米为上位优势作物，扩行缩株挖掘其光合、耐密潜力，可实现玉米基本不减产；为减少玉米的遮阴郁闭对大豆生长的影响，玉米的品种选用应注意以下特性。

籽粒玉米：一是要耐密性好、产量高；二是株型紧凑，中上部各层叶片与主茎的夹角、株高、穗位高等指标的特征值应为穗上部叶片与主茎的夹角在21°～23°、棒三叶叶夹角为26°左右、棒三叶以下三叶夹角为27°～32°，株高适中为230～260厘米，穗位高为90～115厘米；三是抗茎腐病能力强，成熟期站秆性好，熟期适中，适宜机械化收获。

鲜食玉米：一是要产量高、穗型美观、品质优；二是株型紧凑、株高适中、抗倒性强、熟期适中、耐密性好；三是花粉量大、散粉特性好、耐高温能力强。

23. 带状复合种植粒用玉米品种如何选择?

带状复合种植系统中，玉米处于竞争的优势位，其株型结构对大豆的生长发育和产量的影响较大。需选用株型紧凑度好、耐密植、抗倒伏的玉米良种，以降低玉米单株竞争，减轻对大豆的荫蔽影响。品种的选择要参考当地农技部门的技术指导意见，首先要选择在当地得到审定许可，从当地的主推品种中选择植株较矮、耐密植的品种；其次要有更好的抗倒性，拥有较强的耐高温和耐渍涝能力。

24. 带状复合种植鲜食玉米品种如何选择?

鲜食玉米以销售鲜穗为主，要根据市场需求选择适宜类型的品种。不仅要有较高的产量水平，还要具备软糯香甜等风味，以及较好的封顶性、规则的籽粒排列和丰富多彩的籽粒颜色等外观品质。为实现大豆玉米带状复合种植模式下大豆的产量，尤其是鲜食大豆还要有更好的商品性，鲜食玉米要通过降低株高、收紧株型、缩小叶展幅等，为鲜食大豆让渡较多的生长空间。鲜食玉米应从当地的主推品种中选择植株较矮、抗倒、早熟、耐密、花粉量大、耐高温、市场前景好的品种。

行家指点

种植鲜食玉米要做一位有心人，经常调研市场对品种的需求，总结比较本人和其他农户种植品种的表现，为来年的品种选购提供参考。只购买经过试验、示范和通过审定的品种。咨询专业技术人员意见，根据当地的气候、地力、地势及产品的销售加工形式等选择合适的品种。

（1）以鲜穗直接上市为目的

首先考虑口感好、熟期较早，其次是果穗大小、籽粒色泽和抗性等方面。要求籽粒皮薄渣少，口感黏香，口味纯正；外形美观，苞叶完整，果穗均匀一致，大小适中，籽粒排列整齐紧密，行间无缝隙，顶部结实饱满无秃尖；早熟可促进青果穗提前上市，提高售价，并可增加年内种植次数；生产时做到早、中、晚熟不同熟期品种搭配，实现青果穗的周年供应。

（2）以加工速冻、真空保鲜产品为目的

要求品质好，果穗大小适中，耐贮运，适于长时间冷藏；果穗大小与机械加工有关，因加工的产品不同而有所差别。果穗形状为圆筒形、轴细、粒深且整齐一致。籽粒颜色好且容易保色，经高温杀菌后，不发生变化或不易褪色。

（3）以加工籽粒产品为目的

选择品质优、穗轴细、籽粒大、籽粒深的品种。

25. 带状复合种植的模式有哪些？

（1）大豆玉米 2:2 模式

一个生产单元 2 行大豆，2 行玉米。大豆窄行行距 0.4 米，大豆玉米间距 0.7 米，玉米窄行行距 0.4 米，一个生产单元宽度 2.2 米（图 2–1）。

图 2–1 大豆玉米 2：2 模式

（2）大豆玉米 4：2 模式

一个生产单元 4 行大豆，2 行玉米。大豆窄行行距 0.3 米，大豆玉米间距 0.7 米，玉米窄行行距 0.4 米，一个生产单元宽度 2.7 米（图 2–2）。

图 2–2 大豆玉米 4：2 模式

（3）大豆玉米 4：4 模式

一个生产单元 4 行大豆，4 行玉米。大豆窄行行距 0.3 米，大豆玉米间距 0.7 米，玉米窄行行距 0.6 米，一个生产单元宽度 4.1 米（图 2–3）。

图 2–3　大豆玉米 4：4 模式

（4）大豆玉米 6：4 模式

一个生产单元 6 行大豆，4 行玉米。大豆窄行行距 0.35 米，大豆玉米间距 0.7 米，玉米窄行行距 0.6 米，一个生产单元宽度 4.95 米。

在上述几种模式中，大豆株距一般在 0.08 ~ 0.12 米，玉米株距一般在 0.11 ~ 0.15 米，具体株距由田间种植密度（每亩株数）等实际情况决定。

26. 干籽粒夏大豆主要有哪些种植模式可以选择?

江苏干籽粒夏大豆可分为淮北区域和淮南区域。

淮北区域大豆适宜播期是 6 月中旬，带状复合种植时可以选择大豆株距较小的模式，大豆密度 9 000 株 / 亩左右，种植模式主要包括：大豆玉米 4：4 模式；大豆玉米 6：4 模式；大豆玉米 4：2 模式。

淮南区域大豆适宜播期是 6 月下旬，带状复合种植时大豆密度

7 000 株 / 亩左右，种植模式主要包括：大豆玉米 4∶2 模式；大豆玉米 6∶2 模式。

27. 鲜食夏大豆主要有哪些种植模式可以选择？

江苏鲜食夏大豆适宜播种时期是 6 月下旬，带状复合种植时大豆密度 5 500 株 / 亩左右，种植模式主要包括：① 大豆玉米 4∶2 模式，即一个生产单元 4 行大豆，2 行玉米；② 大豆玉米 6∶2 模式，即一个生产单元 6 行大豆，2 行玉米。

28. 鲜食春大豆主要有哪些种植模式可以选择？

江苏鲜食春大豆一般 3 月下旬至 4 月上旬播种，播后喷除草剂，覆盖地膜，带状复合种植时大豆密度 11 500 株 / 亩左右，种植模式主要包括：① 大豆玉米 4∶2 模式，即一个生产单元 4 行大豆，2 行玉米；② 大豆玉米 6∶2 模式，即一个生产单元 6 行大豆，2 行玉米。

29. 带状复合种植大豆种子怎么选择和处理？

① 大豆品种。应选择产量高、耐阴、抗倒、有限结荚习性、中早熟、宜机收的品种，品种成熟期单株有效荚数不低于该品种纯作荚数的 50%，单株粒数 50 粒以上，单株粒重 15 克以上，株高 55 ～ 100 厘米，如‘苏豆 13’‘徐豆 18’等。

② 大豆种子。播种前剔除病虫瘪粒，播种前晒种，提高种子发芽率。

③ 种子处理。进行包衣或拌种，防治地下害虫、土传病害和苗期病害，促进壮苗早发。

30. 玉米种子为什么要做精选与晾晒？

市场销售的玉米种子受加工工艺条件限制，难免出现破损粒、霉变、石子等杂质，种子在收获、脱粒、加工过程中也会受机械挤压撞击损伤，难以达到 100% 发芽率，故需手工对种子做进一步精选，留下最好的种子，保障玉米苗全苗齐苗壮。必要时，按照种子大小将种子分级，提高整齐度（图 2–4、图 2–5）。

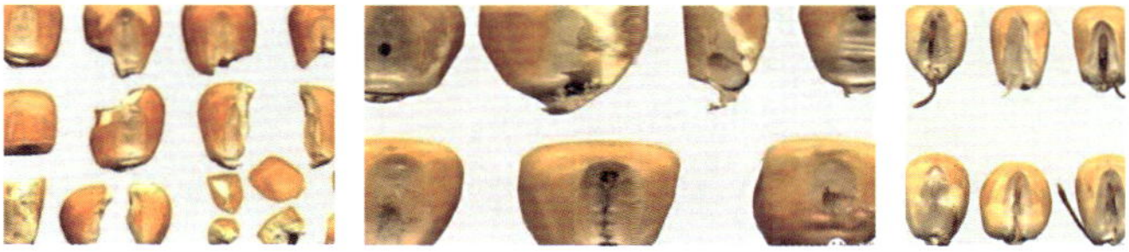

图 2–4　玉米种子的残次品

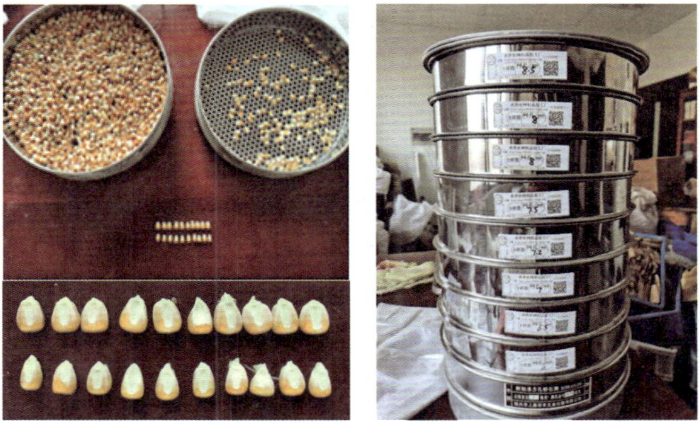

图 2–5　玉米种子分级

晒种可以打破玉米种子的休眠，增强种子内酶的活性，提高种子的发芽势和发芽率，促使种子出苗快、出苗齐。晒种可以增强种子吸水能力，提高种子的发芽速度；还能充分利月阳光紫外线，杀死种子表面的病原菌，预防和减轻由种子带菌造成的病害。

31. 带状复合种植大豆的播种密度怎么确定？

确定大豆玉米带状复合种植大豆的播种密度的基本原则是应达到当地大豆纯作密度的 70% 以上，通常亩大豆株数在 7 000 株以上，大豆株距为 0.08 ～ 0.12 米。

根据大豆品种特征选择合适的播种密度，一般小粒早熟大豆品种，可适当提高大豆播种密度；大粒晚熟品种，可适当降低大豆播种密度。

32. 大豆的播种深度怎么选择?

基本原则是根据大豆种子的大小选择合适的播种深度，以大豆种子长度的 1 ～ 2 倍为宜，一般为 3 厘米左右。① 根据土壤墒情适当调整播种深度，在土壤干旱时需要适当提高大豆的播种深度。② 根据土壤质地适当调整播种深度，一般沙土可适当深播，黏土需要适当浅播。③ 土壤覆盖地膜时，要适当深播。

33. 大豆的播种时间怎么确定?

根据气候条件、土壤墒情、品种特性、栽培方式、收获产品、前后茬口等确定最佳播期，在土壤表层 5 ～ 10 厘米地温稳定超过 10℃时开始播种。依“趋利避害”原则，提倡“春提早夏推迟”，一般情况下，江苏露地春播适宜播种期为 3 月下旬至 4 月上旬，夏播 6 月下旬至 7 月上旬，但粒用大豆品种一般不迟于 7 月 15 日，鲜食秋大豆品种不迟于 8 月 15 日。

34. 带状复合种植玉米的播种密度怎么选择?

在大豆玉米带状复合种植模式中，关键是要保证带状复合种植玉米种植密度与纯作玉米相当，通过大豆玉米的行株距配置，发挥玉米的边行优势，达到玉米基本不减产，多收一季豆的效果。经江苏邳州邢楼试验点不同玉米种植密度试验发现，玉米由 4 000 株 / 亩增加到 4 500 株 / 亩，能够发挥较好的增产效果；由 4 500 株 / 亩增加到 5 000 株 / 亩时，种植密度增加对增产的贡献较低。结合江苏省纯作玉米种植现状，建议大豆玉米带状复合种植模式中玉米按照 4 500 株 / 亩播种。

35. 玉米的播种深度怎么选择？

采用机械贴茬直播、精量播种技术。通常播深或覆土深度控制在3～5厘米，要求播种深浅一致。土壤墒情较好的地块，播深4～5厘米；黏土或土壤过湿时，播深3～4厘米；底墒不足，特别是沙土、沙壤土，播深5～6厘米。播后覆土镇压，保墒。

36. 玉米的播种时间怎么确定？

结合田块的腾茬时间、病虫害发生情况、选择的玉米品种类型、土壤墒情和近期天气预报确定播种时间。春玉米区在耕层土温稳定通过10℃开始播种，一般在4月15日之前完成播种；夏玉米一般为油菜、大麦和小麦等作物的茬口，综合近年来玉米粗缩病发生风险低、晚播夏玉米梅雨季节渍涝严重、“三伏”高温天气易形成结实不良等因素，建议夏播玉米在小麦腾茬后及时抢墒早播，培育壮苗，提高对苗期渍涝和散粉期高温的抵御能力。鲜食玉米的生产根据市场销售情况，制订播种计划，分期播种，均衡上市，优选品种，播种期可从3月底持续至8月5日前后。

37. 带状复合种植大豆施肥有哪些技术要点？

虽然大豆的根瘤菌有固氮作用，能自身生产养分，但大豆幼苗期根瘤菌还没有大量生长，特别是春季大豆，因种植时气温低，根瘤菌生长速度缓慢，所以大豆苗期需要一定的养分，播种前施足氮磷钾基肥，能保证苗期肥料供应充足，促进苗齐苗壮，也利于壮苗抗病。

大豆是一种喜钙作物，但在种植大豆的过程中大多比较注重氮磷钾的施肥，而不在意钙元素的补充。大豆幼苗期缺钙，叶基部出现大量黑斑、叶边缘出现黄色，顶芽坏死，子叶变厚、卷曲。初生叶叶缘收缩，叶成杯状，叶尖出现黑斑。开花前1个月内缺钙会引起基部三出叶边缘出现带有蓝色的斑点，叶深绿色，整个叶片斑纹密集成皱，茎秆木质部分软化。在结荚期缺钙，叶黄绿，并带有红色或淡紫色，荚果深绿或褐绿色，带有斑纹，叶子脱落延迟。缺钙植株长势渐弱，容易发病。大豆缺钙会出现“失绿症”，有时候大豆发黄，农户们会认为缺氮，然后补充氮肥，导致大豆出现旺长，并且还容易贪青晚熟，更加不利于大豆整体的生长（图 2-6）。

图 2-6　大豆缺钙的田间表现

此外，大豆生长也需要硼肥，大豆缺硼，4 片复叶后开始发病，花期进入盛发期。新叶失绿，叶肉出现浓淡相间斑块，上位叶较下位叶色淡，叶小、厚、脆。缺硼严重时，顶部新叶皱缩或扭曲，上、下反张，个别呈筒状，有时叶背局部现红褐色。植株发育受阻停滞，迟熟。主根短、根颈部膨大，根瘤小而少。因此，在缺少硼肥的土壤中，施加基肥的时候也需要额外添加硼肥。

仔细观察田间大豆长势，适期追肥。大豆初花期氮肥需求量非常大，虽然有根瘤菌固氮供应，但适度追施氮素可促进花的发育和幼荚生长。植株生长过旺时可酌情减量或不施尿素。在大豆苗期、开花期和鼓粒期叶面喷施磷酸二氢钾、钼酸铵水溶液，可以提高肥效，增加产量。若前期基肥中没有施加钙肥和硼肥等微量元素肥，则可以在开花期用尿素、过磷酸钙、磷酸二氢钾、硼酸、钼酸铵和硫酸锌，兑适量水，叶面喷施追肥。鲜食大豆鼓粒期，若想延长采收时间，则可酌情喷施尿素促进豆荚保绿。

38. 带状复合种植大豆施肥量如何确定?

大豆玉米带状复合种植过程中，玉米有专用的基肥，大豆基肥一般用平衡的氮磷钾三元复合肥（$N-P_2O_5-K_2O$=15–15–15），亩施 20 千克左右，另加施腐熟有机肥 500 千克左右。具体基肥施肥量还要视土壤肥力而定，一般粒用大豆三元复合肥亩用量不超过 30 千克，鲜食大豆亩用量不超过 50 千克（图 2–7）。

图 2–7　大豆田间施基肥前的准备

大豆玉米带状复合种植玉米需肥量远大于大豆，切记不能盲目增加大豆基肥，大豆种植过程中氮肥施用超量，会造成叶片深绿、变厚，枝叶繁茂，植株徒长但不开花结实（图 2–8），后期会导致植株拔高，

图 2-8　大豆施氮肥超量导致徒长

出现大片倒伏等问题。同时还会影响大豆根瘤菌的生长，拔起时可见根部根瘤菌生长稀少。施用磷肥过量，会使大豆从土壤中吸收过多的磷素营养，促使其呼吸作用大大增强，影响正常生长。过量施钾会造成大豆对钙等阳离子的吸收量下降，削弱大豆正常的生产能力。

大豆基肥中微量元素肥的使用也至关重要。一般在缺钙严重的土地，每亩用 10 ～ 15 千克过磷酸钙作种肥，缺硼的土地每亩加硼砂 0.4 ～ 0.6 千克。

适期追肥能有效提高大豆产量。一般在大豆初花期每亩追施尿素 4 ～ 5 千克，用肥量不宜过大，防植株徒长。视长势情况，可分别于大豆苗期和开花前期叶面喷施磷酸二氢钾（每亩 100 ～ 200 克）、钼酸铵（每亩 10 ～ 15 克）水溶液。追施钙肥和硼肥等微量元素肥，可以在开花期用尿素 0.5% ～ 2.0%、过磷酸钙 1.0% ～ 5.0%、磷酸二氢钾 0.2% ～ 0.5%、硼酸 0.1% ～ 0.5%、钼酸铵 0.02% ～ 0.05%、硫酸锌 0.05% ～ 0.20%，配制成混合水溶液，叶面喷施。

鲜食大豆鼓粒期，酌情喷施 0.5% ～ 1.0% 的尿素水溶液，可促进豆荚保绿，延长采收时间。

39. 带状复合种植大豆追肥有哪些注意事项?

（1）追施尿素要注意土壤墒情

土壤比较干旱时，可以趁小雨前追施效果比较好，或者大雨后追施。切忌追施尿素后大水漫灌或者一直干旱，都不能达到预期的效果。

（2）注意控制大豆边行的肥力

玉米基肥施用量较大，因此靠近玉米的大豆行肥力相对较高，需要控制追肥量。

（3）注意苗期合理追肥

大豆出苗后，一般在大豆芽 1 片复叶展开时进行追肥，若生产绿色食品大豆玉米，则可以不追化肥而追有机肥。若幼苗长势健壮，无缺肥现象，则苗期可不施氮肥或少施氮肥，以免植株徒长。

（4）注意开花结荚期追施氮肥

开花期的大豆是生长发育旺盛的时期，施入适量的氮肥，能促进体内营养物质的形成，同时还能减少落花落荚，提高产量。大豆进入结荚鼓粒期，根系吸肥能力减弱，应采用叶面喷施的方法进行追肥，可以提高大豆品质和产量。总之，虽然大豆有根瘤菌固氮作用，但适度的追肥能显著提高大豆产量，试验表明，此期追施氮肥比不追施氮肥的亩增产 10% 以上。

（5）注意适期追施微量元素肥

大豆盛花期喷施混合微量元素叶面肥（过磷酸钙、磷酸二氢钾、硼酸、钼酸铵和硫酸锌）具有显著增产作用。

40. 如何选择合适的土壤墒情做好大豆播种?

墒情是指作物耕层土壤中含水量多寡的情况，也就是通常所说的土壤湿度。大豆播种需要选择土壤墒情适时播种，一般应在下透雨后趁土壤潮湿时抢播，以保证一次出苗。播种前后持续干旱时，大豆种子能在土壤中正常保存 1 周左右时间。若播种后土壤水分不足，则应及时视墒情补水，防止大豆种子开始吸水膨胀后，又遇到水分不充足而影响出苗。若播种后持续多雨水，则应及时排水，大豆种子在水里浸泡时间一般不能超过 1 天，否则会影响发芽率。若播种后遇到暴雨，则会导致覆盖大豆的面土被冲散，种子暴露在外被雨后阳光暴晒，很容易导致种子死亡，严重影响种子发芽率，故雨后转晴应及时巡田，做好种子的覆盖补土。

41. 大豆的需水规律及水分敏感期如何？

大豆出苗期，初生根和侧根开始生长，这个阶段大豆根系还不发达，扎入土壤的深度不够，所以对水分的要求比较高，适宜的水分能保证出苗快和齐。这一阶段对水分的敏感度很高，水分过多或过少，都会形成明显的差异。

大豆叶期是大豆营养生长的主要时期，在这个阶段大豆根系快速生长，能够进入深层土壤，吸收土壤中的水分，同时由于叶片大量生长，覆盖土壤表面，阳光不能直射土壤，显著减少了土壤的水分蒸发。该阶段大豆的生长对水分的要求不高，干旱对大豆生长的影响不大，涝害 1 天以上会影响大豆正常生长。

大豆花期是大豆生殖生长的主要时间段，在这个阶段大豆经历开花、结荚、鼓粒等重要步骤，是营养向种子输送和传递的重要环节。该阶段新陈代谢旺盛，营养传输频繁，对水分的需求较大。缺少水分会导致大豆落花落荚，严重影响植株产量。水分也不宜过大，长期的高湿环境容易导致炭疽等病害的发生，影响豆荚的质量。

大豆成熟至晚熟期是大豆成熟阶段，在这个阶段大豆植株开始衰老，叶片掉落，豆荚变黄，籽粒陆续开始脱水变干。茎秆失水变脆和籽粒脱水休眠是保证大豆生产能正常收获的重要基础，因此，该阶段需要保持干燥的气候，水分过多会使植株贪青不落叶，导致收获延迟，影响生产和产量。

42. 带状复合种植施肥有哪些基本原则?

行家指点

玉米、大豆需肥规律各不相同，玉米是须根系作物，根系覆盖面积大、养分吸收范围广。玉米的生长量大，对养分的需求量大、竞争力也较强，以吸收无机氮素为主。大豆玉米带状复合种植减弱了地上植株对阳光的竞争，还有助于两种作物对养分吸收的互补，促进养分吸收及增强根瘤菌固氮能力，整体氮肥利用率大幅度提高。此外，大豆玉米带状复合种植可在一定程度上降低土壤pH值，提高土壤中磷元素的活性，当季利用率提高7.8%。

由于大豆玉米带状复合种植模式的特殊性，施肥应坚持“减量、协同、高效、环保”的总方针。减量体现在减少氮肥用量、保证磷钾肥用量，减少大豆用氮量，保证玉米用氮量；协同则要求肥料施用过程统筹考虑大豆和玉米的养分需求，相对纯作不单独增加施肥作业环节和工作量，实现一体化施肥；高效与环保是要求肥料类型和施肥工具支持肥料的高效利用，减少氮磷的流失。在此方针的指导下，根据大豆玉米带状复合种植的作物需肥特点，施肥时遵守“一施两用、前施后用、生（物肥）化（肥）结合”的原则。

一施两用：在满足玉米需肥的同时兼顾大豆的养分需求，实现一次施肥，玉米、大豆共同享用。

前施后用：为减少施肥次数，尽量选用缓（控）释肥，深施覆土，实现底（种）追合一，前施后用。

生化结合：带状复合种植模式充分发挥了大豆根瘤菌固氮作用，但是大豆根瘤形成过程需要一定数量的氮素供应，可土壤氮素过高又会抑制根系结瘤。因此，施肥时既要根据大豆玉米需肥量合理施肥，又要根据当地土壤根瘤菌的活性进行接种，或施用生物（菌）肥，以增强大豆的结瘤固氮能力。

43. 带状复合种植玉米的施肥方法有哪些?

（1）一次性施肥

选用缓（控）释肥，在播种时以种肥形式一次性施入，玉米施肥量 50 ～ 80 千克 / 亩（如 $N-P_2O_5-K_2O$=28-8-6）。使用大豆玉米间作施肥机一次完成播种施肥作业，玉米施肥器位于玉米带两侧 15 ～ 20 厘米开沟，肥料侧向深施，施后覆土。

（2）种肥加追肥

夏玉米播种以小麦茬为主，播种期间不宜进行耕翻等田间作业，避免土壤失墒。玉米基本是贴茬直播，大豆以免耕或大豆旋耕后播种为主，农时和作业方式不适合施用基肥，一般在播种时选用播种施肥一体机施用种肥，玉米按当地纯作单株需肥量施用，全部的磷钾肥和一半的氮肥以种肥形式施入，玉米进入喇叭口期，追施另一半的尿素（图 2-9）。

图 2-9　玉米喇叭口期适期追肥

44. 带状复合种植玉米施肥量怎么确定?

玉米对氮素的需求量最多，吸收磷素较氮和钾少，田间施肥量按目标产量计算，必须保证带状复合种植玉米单株施肥量与纯作相同。一般每生产 100 千克玉米籽粒，需从土壤中获取有效氮 2.4 ~ 4.2 千克、有效磷 0.5 ~ 1.5 千克、有效钾 1.5 ~ 4.0 千克。大豆玉米带状复合种植的玉米选用高氮缓（控）释肥，每亩施用 50 ~ 80 千克（折合纯氮 14 ~ 18 千克），播种单体的用肥量应达到表 2-1 的要求。

表 2-1　玉米种肥每个播种单体（10 米）用肥量速查表（单位：千克）

复合肥含氮量/%	全田平均行距/厘米								
	100	105	110	115	120	125	130	135	140
20	0.90	0.94	0.99	1.03	1.08	1.12	1.17	1.21	1.26
21	0.85	0.90	0.94	0.98	1.03	1.07	1.11	1.15	1.20
22	0.81	0.85	0.89	0.93	0.97	1.01	1.05	1.09	1.13
23	0.78	0.82	0.86	0.90	0.94	0.97	1.01	1.05	1.09
24	0.75	0.79	0.82	0.86	0.90	0.94	0.97	1.01	1.05
25	0.72	0.76	0.79	0.83	0.86	0.90	0.94	0.97	1.01
26	0.69	0.72	0.76	0.79	0.83	0.86	0.90	0.93	0.97
27	0.66	0.69	0.73	0.76	0.79	0.82	0.86	0.89	0.92
28	0.64	0.68	0.71	0.74	0.77	0.81	0.84	0.87	0.90
29	0.61	0.65	0.68	0.71	0.74	0.77	0.80	0.83	0.86
30	0.60	0.63	0.66	0.69	0.72	0.75	0.78	0.81	0.84

注：① 亩用肥量（千克）= 每亩施氮量（千克）/ 复合肥含氮百分率；

② 每个播种单体（10 米）用肥量（千克）=［亩用肥量（千克）×10（米）× 计产行距（厘米）/100（换算成米）］/667（米^2）；

③ 按每亩种肥 12 千克纯氮计，每增加（减少）1 千克纯氮，每个播种单体（10 米）用肥量增加（减少）75 克。

④ 数据源自《玉米—大豆带状复合种植技术》，杨文钰等著。

45. 带状复合种植玉米施肥有哪些注意事项？

优先使用缓（控）释肥，以种肥形式施入，可提高肥料利用效率，减少后期追肥的人工投入，避免在需要追肥阶段因天气等因素影响追肥时间和追肥效果。

种肥侧向深施，种肥间距 15 ～ 20 厘米，施后覆土。玉米追肥应靠近玉米行，避免玉米的高肥供应造成大豆旺长。

大豆玉米带状复合种植模式中，玉米通过扩行缩株的方式为大豆留出了一定生长空间，玉米每亩株数没有变，单株的养分需求没有减，肥料供应要保证单株施肥量与纯作玉米相同。

46. 怎么选择适宜玉米生长的土壤墒情？

玉米生长发育期间，根系活动层内良好的水分与空气状况能够满足玉米生理需求及溶解营养物质需求。玉米不同生育期的适宜土壤水分指标各不相同（表 2–2），高于或低于此指标，对该阶段的生长或发育都有影响。虽然生产实践中不可能完全保证玉米在最佳水分状态生长，但是该指标可供人们在玉米田的水分管理时参考。

表 2–2　玉米各生育期的适宜土壤水分指标（占田间持水量）

播种至出苗	苗期	拔节期	抽雄期	灌浆期
80%	65%～70%	70%～80%	80%	75%

47. 玉米的需水规律及水分敏感期如何？

玉米需水规律是指不同生育期需水量及其占全生育期总量的比例与各个阶段的日需水强度。夏玉米需水强度最高的阶段为抽雄期，日需水量 4.7 ～ 5.9 毫升；其次是拔节期，抽雄期和拔节期均是夏玉米的关键期。需水量最多的阶段为灌浆期，占总需水量的 23% ～ 41%，因为该阶段天数多，叶面积大且持续期长，植株代谢旺盛，对水分的要求达到全生育期的最高，需水强度较高，日需水量 4.8 ~ 5.5 毫升。籽粒形成至蜡熟期，是玉米籽粒增重最迅速和粒重建成时期，是决定产量的重要阶段，该时期缺水会导致粒重降低而减产。蜡熟至完熟期，籽粒进入干燥脱水过程，仅需少量水分来维持植株生命活动，保证其正常成熟。在关键时期，必须及时、准确地向田间供水，确保玉米该阶段的水分需求（图 2-10）。

图 2-10 玉米拔节期做好水分供给

玉米需水敏感期是指在生长发育过程中，水分亏缺对产量形成最为敏感的阶段。不同生育期的水分敏感程度依次为：抽雄期 > 拔节期 > 灌浆期 > 苗期。

渍涝胁迫同水分亏缺一样威胁玉米的正常生长，江苏省夏玉米的苗期常与梅雨季节相遇，极易造成苗期渍涝。玉米前期尤其怕涝，淹水时间不应超过 3 天；生长后期对涝渍敏感性降低，淹水不得超过 7 天；起垄或者划锄等农艺措施可有效缓解渍涝胁迫。

48. 带状复合种植大豆如何适时做好植株的化学调控?

带状复合种植，缩小了株距，加大了倒伏风险，适时做好植株化学调控是防止倒伏、增加产量的关键措施。目前生产中应用于大豆控旺防倒的生长调节剂主要为烯效唑或胺鲜脂，此外还有三碘苯甲酸、矮壮素等。

① 烯效唑。可降低株高 15 ～ 20 厘米，控制徒长，使分枝（分蘖）增多。在大豆分枝期或初花期，每亩用 5% 烯效唑可湿性粉剂 25 ～ 50 克，兑水 30 千克，均匀喷施大豆上部叶片即可。烯效唑活性高、低残留、安全性好，是大豆常用控旺剂。

② 胺鲜酯。可增加大豆开花数和结荚数，使结荚饱满，并增强根瘤菌固氮作用。一般在大豆初花期或结荚期喷施，用 98% 的胺鲜酯可湿性粉剂配制成浓度为 60 毫克 / 升的水溶液，每亩喷施 30 ～ 40 千克。胺鲜酯遇碱易分解，不宜与碱性农药混用。

③ 三碘苯甲酸。可消除顶端优势，增强大豆抗倒伏能力。在大豆初花期喷施效果最好，喷施浓度为 0.01% ～ 0.02%（100 ～ 200 毫克 / 千克），每亩用粉剂 3 ～ 5 克，加水 40 ～ 50 千克。主要应用在植株高大、生长强势、晚熟大豆品种上。

④ 矮壮素。可缩短大豆节间长度，控制植株徒长，增强其抗倒性。在大豆花期用 0.125% ～ 0.25% 的溶液喷施叶面即可。主要应用于高水肥田和大豆徒长的田间。

第三章
机械设备配套措施

要点提示

受到大豆玉米带状复合种植模式下大豆和玉米种植行间距、密度等各个方面的影响，原有的适合纯作的播种、施肥、除草、收获等农业机械均不能有效应用。新的模式各个阶段需要配套新栽培模式的机械才能更好地保障大豆玉米带状复合种植模式推广成功。

49. 带状复合种植前茬小麦秸秆的处理方式怎么选择？

北方地区土壤含水率较低，前茬小麦秸秆覆盖条件下机具作业一般不产生拥堵现象，可直接进行免耕播种作业，同时播种机需配备防堵切茬装置，能够形成清洁的种带，保证播深。

南方地区土壤含水率较高，前茬秸秆覆盖条件下易出现播种机缠草堵塞，前茬小麦秸秆处理可采用犁耕翻埋，将秸秆翻埋到表土以下；为更好地保证播深，还可以采用犁耕 + 旋耕的方式，整备的种床更加平整，播深更加稳定；也可采用免耕播种的方式，但播种机一般要求配有主动防堵装置，具有较强的秸秆分拨能力，以免播种机开沟部件被秸秆缠绕后堵塞。

50. 带状复合种植整地要求有哪些?

各地区可根据当地大豆、玉米常规种植方式的整地措施进行种床整备。北方干旱地区，小麦收获后若墒情适宜，则应立即抢墒播种，采取单粒精播，播深以 3 ～ 5 厘米为宜。播种前，可先进行灭茬，或选用带灭茬功能的播种机进行大豆、玉米灭茬播种。若墒情较差，则要先造墒再播种。有条件的地方可在大豆、玉米播种后进行滴灌、喷灌，促早出苗、出全苗、成壮苗。南方地区可在春季抢晴翻耕旋耕土地，积水地开围沟、腰沟排水。播前灭茬及翻耕、旋耕开排渍沟。

51. 带状复合种植如何利用原有纯作机械播种?

利用原有纯作机械进行大豆玉米带状复合种植，需要对机械做以下三方面调整：

（1）调整行距

相对原有大豆、玉米单一种植模式，带状复合种植时玉米 – 玉米、大豆 – 大豆、大豆 – 玉米之间的行距都有变化。因此，首先要调整单体之间的行距，以适应大豆玉米带状复合种植模式对行距的要求。不同地区种植模式有差异，可根据当地种植模式要求进行行距调整。例如，大豆玉米 4 ：2 模式下的单体配置如图 3–1 所示。

图 3–1　大豆玉米 4 ：2 模式下的单体配置

（2）驱动系统调整

大豆玉米带状复合种植播种机需具有独立驱动玉米和大豆分调分控系统排种，实现玉米和大豆株距播深分调分控技术，穴距档位调缩至玉米 10–12–14 厘米，大豆 8–10–12 厘米，提高高密度小株距条件下单粒精量播种的精度。

（3）排种器调整

大豆和玉米种子外形尺寸存在差异，需要选用不同的排种器。根据播种行的分布，大豆播种行装配大豆排种器，玉米播种行装配玉米排种器。排种器有勺轮式、指夹式和气吸式等类型，气吸式排种器对玉米、大豆的适应性好，可改善精量播种的漏播指数和重播指数。

52. 江苏省纯作播种机改装的主要参数如何？

江苏省纯作玉米播种机主流机型行数为 3 行和 4 行，大豆播种机主流机型行数为 3 行至 6 行，或兼用玉米播种机。带状复合种植玉米播种时，将播种机改装为 2 行，调整行距接近 40 厘米，通过改变传动比调整株距至 10 ～ 12 厘米，平均种植密度为 4 500 ～ 5 000 株 / 亩，并加大肥箱容量、增设排肥器和施肥管，增大单位面积施肥量。带状复合种植大豆播种时，优先选用 3 行或 4 行大豆播种机，通过调整株行距来满足大豆播种的农艺要求，平均种植密度为 8 000 ～ 10 000 株 / 亩。

行家指点

前茬小麦收获后，及时灭茬以提高播种质量，提升出苗整齐度。播种前，统筹大豆、玉米生育期，确定播种、收获作业先后顺序，并对播种作业路径详细规划，妥善解决机具调头转弯等问题。大面积作业前先试播，以查验播种作业质量和调整机具参数，播种深度和镇压强度应根据土壤墒情变化适时调整。作业时，应注意适当降低作业速度，提高小穴距条件下播种作业质量。

53. 如何将大豆玉米播种机调整为单独播种大豆?

大豆玉米播种机经过行距、驱动系统以及排种器调整后，即可用以单独播种大豆：① 行距调整。根据大豆单独种植模式下的行距要求，调整单体行距。② 驱动系统调整。调整原有玉米行驱动系统传动比，以符合大豆株距播种要求。③ 排种器调整。更换原有玉米排种器，统一更换为大豆排种器。

54. 大豆玉米一体化播种机结构配置有哪些要求?

一是配备秸秆处理防堵装置。秸秆覆盖量小、土壤含水率相对低的旱作区选用被动式（拨草轮、缺口圆盘）防堵装置；秸秆覆盖量大、土壤黏重的南方水旱轮作区选用主动式防堵装置。

二是需具有独立驱动大豆玉米分调分控系统排种，实现大豆玉米株距播深分调分控。

三是可单体仿形，保证作业时遇土地平整度不同也能使每行播种深度一致，通过调整镇压弹簧预紧力实现大豆玉米不同镇压力需求，提高作物出苗率。

四是镇压轮为充气轮（玉米）和“V”形轮（大豆）相结合，以适应不同作物对镇压力和镇压方式不同的需求，增加限深轮。

满足以上要求的种植机具可进行大豆玉米一体化播种，同时各地方主管部门出台了大豆玉米一体化播种机补贴目录，可根据补贴目录进行机具选型。

55. 带状复合种植模式有哪些一体化植保机械?

农业农村部南京农业机械化研究所与埃森农机常州有限公司研发的 3WP-800 型大豆玉米带状复合种植专用植保机（图 3-2），适用于 4 ∶ 2、4 ∶ 3、4 ∶ 4 等全作业模式，药箱容量 800 升（300+500）；最大作业幅宽 8 米，喷幅可调，精准对行，能够跨多行作业，喷洒效率可达 200 亩 / 时；半悬挂喷杆采用封闭式挡帘，具备整体仿地增稳能力，飘移精准控制；伸缩喷杆运输时不占用立体空间，通过性强。

图 3-2　3WP-800 植保机

随着大豆玉米带状复合种植在全国范围内的推广，各具特色的装备也不断涌现，这里列举有代表性的装备如下，供选用参考。

多条带宽幅作业喷杆喷雾机型号主要有：3WPQ-2500/3WPZ-700（乌兰浩特兴安岭拖拉机有限公司）、3WP-1000G（山东华盛中天机械集团股份有限公司）、3WPZ-1000（河南三得兴机械有限公司）、3WPZ-800B（青州市万佳机械科技股份有限公司）等（图 3-3）；单

图 3-3　多条带宽幅作业喷杆喷雾机

条带作业喷杆喷雾机有 3WPZ-500×2A（禹城市亚泰机械制造有限公司）等；遥控自走式的有 3WPZ-200/3WPZ-400（山东智物缘机器人有限公司）等。

由于国家尚未出台大豆玉米带状复合种植配套喷杆喷雾机产品相关标准，现有的大豆玉米带状复合种植专用植保机械还是参照常规喷杆喷雾机进行了检测和认证，绝大多数产品尚未量产，作业参数与实用效果也鲜有公开。

56. 带状复合种植模式一体化除草有哪些注意事项?

（1）总体原则

大豆玉米带状复合种植杂草防除坚持综合防治原则，采取“一封一杀”的杂草防治策略。首先使用精异丙甲草胺进行封闭处理，根据封闭效果选用专用除草剂进行物理隔离喷施。

（2）优选除草剂注意事项

优先选用噻吩磺隆、唑嘧磺草胺、灭草松、精异丙甲草胺、异丙甲草胺、乙草胺、二甲戊灵等 7 种同时登记在玉米和大豆上的除草剂。土壤有机质含量在 3% 以下时，选择除草剂登记剂量低量；土壤有机质含量在 3% 以上时，选择除草剂登记剂量高量。喷施除草剂时，应保证喷洒均匀，干旱时土壤处理每亩用水量在 40 升以上。

（3）选择茎叶处理除草剂时注意事项

要注意选用对邻近作物和下茬作物安全性高的除草剂品种。精喹禾灵、高效氟吡甲禾灵、精吡氟禾草灵和烯草酮等药剂飘移易导致玉米药害；氯氟吡氧乙酸和二氯吡啶酸等药剂飘移易导致大豆药害，莠去津、烟嘧磺隆易导致大豆、小麦、油菜残留药害，氟磺胺草醚对下茬玉米不安全。

（4）使用喷杆喷雾机定向喷雾时注意事项

应加装保护罩，防止除草剂飘移到邻近作物，同时应注意除草剂不径流到邻近其他作物。喷雾器械使用前应彻底清洗，以防残存药剂导致作物药害。

（5）喷洒除草剂时，要注意风力、风向及晴雨等天气变化

选择晴天无风且最低气温不低于4℃时用药，喷药时间选择上午10点前和下午4点后最佳，夏季高温季节中午不能喷药。阴雨天、大风天禁止用药，以防药效降低及雾滴飘移产生药害。

57. 发生除草剂药害时该如何处理？

可在作物叶面及时喷施吲哚丁酸、芸苔素内酯、赤霉酸等，能在一定程度上缓解药害。同时，应加强水肥管理，促根壮苗，增强抗逆性，促进作物快速恢复生长。

58. 带状复合种植如何确定合适的一体化除草作业时期？

大豆玉米带状间作，田间杂草与玉米大豆同时萌发出苗，发生早、量大且集中，较易防除，一体化除草效果较好；大豆玉米带状套作，田间杂草发生时期相对较长，出苗不整齐，一体化防除难度大，需要多次除草。

除草作业时期：依据玉米大豆对除草剂的选择性差异，采用芽前封闭与苗后定向除草相结合的方法防除杂草。出苗后1～2周为杂草竞争临界期，为防除关键时期。播后芽前未施用封闭除草剂或芽前除草效果不好的田块，在玉米大豆苗后早期应及时补施茎叶除草剂。一般应在大豆1～2片复叶期对大豆带定向喷施除草剂，玉米带定向喷施茎叶除草剂的最佳施药时期为5～6叶期。过早或过晚均易发生药害或降低药效；施药过迟，温度高，玉米大豆易发生药害。在杂草萌发出苗高峰期以后，即大部分禾本科杂草2～4叶期和阔叶杂草株高3～5厘米时施药，能保证较好的除草效果。

59. 带状复合种植一体化机械除草作业的要点有哪些？

一体化除草植保机械有条件的应优先选用包含双喷雾系统定向防飘功能的大豆玉米带状复合种植专用喷杆喷雾机。整地质量较好、降水量较少的区域，可选用配备轻质喷杆的喷雾机；田间排水沟较多的田块，建议选用喷杆配备仿地轮的喷雾机。喷杆分隔段幅宽应当完整覆盖对应作物条带并且与相邻条带保持合理距离，作业前根据苗高调节喷杆高度、挡帘与地面间隙，分装药液时切忌加错药箱。

也可选用常规的自走式喷杆喷雾机，需在喷雾装置上增设塑料薄膜、挡帘等分隔装置来实现分带喷施除草剂，如图 3–4 所示。

图 3–4　改装的自走式喷杆喷雾机及其田间作业场景

60. 带状复合种植机械化收获的方式有哪些？

大豆玉米带状复合种植中机械化收获主要有两种方式，即大豆玉米独立收获和大豆玉米一体化收获。

大豆玉米独立收获方式是指根据大豆玉米成熟期的不同，选择先收大豆后收玉米或先收玉米后收大豆。具体又可分为：① 对于大豆玉米成熟期不一致的情况，需选用大豆玉米带状复合种植专用窄幅窄轮距的大豆或玉米收获机将先熟的作物收获，待后熟作物成熟后再采用带状复合种植专用或普通收获机对其收获。② 对于成熟期一致的情况，可采用带状复合种植专用或普通的大豆收获机和玉米收获机按照一前一后的作业模式依次对大豆玉米进行同时收获，作业方式如图 3-5 所示。

大豆玉米一体化收获方式是采用大豆玉米一体化联合收获机对处于成熟期的大豆玉米进行一体化同步收获，即割台一侧收获大豆、另一侧收获玉米。该收获方式效率高，成本相对较低，作业方式如图 3-6 所示。

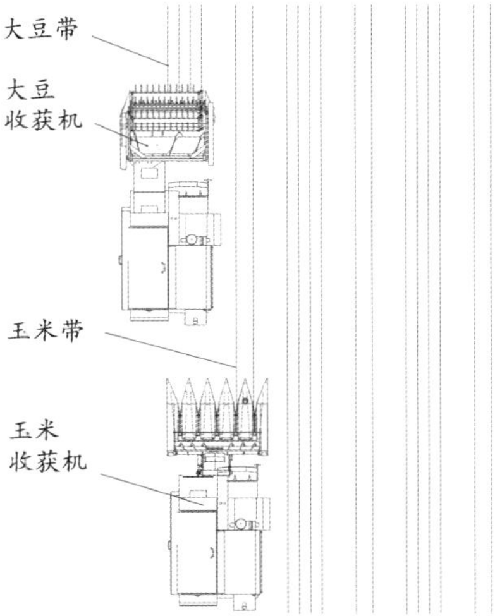

图 3-5　大豆玉米独立收获方式

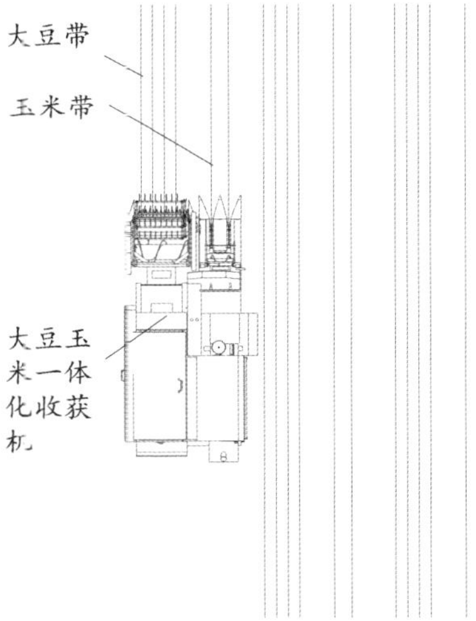

图 3-6　大豆玉米一体化收获方式

大豆玉米带状复合种植中，根据种植类型和成熟进度收获方式各不相同。江苏省夏播茬口，玉米和大豆的成熟时间基本一致，一般以选用两台机械对两种作物单独收获为主；青贮玉米和大豆选用专用收获机械收获，鲜食玉米和大豆以人工采收为主。

两种作物同时成熟，基本可以利用现有机械进行收获，玉米可选用2行自走式玉米联合收获机收获，大豆可选用改装的大豆联合收获机收获，一前一后异机错位同时收获。

若为混合青贮，则在大豆鼓粒期末（玉米乳熟末蜡熟初）用自走式青贮收获机同时收获青贮玉米与大豆，收集装箱后用打捆包膜一体机完成打捆包膜作业并堆放青贮，或直接压实密闭贮藏于青贮窖中。

若为鲜食，则在鲜食玉米乳熟期（花后20～25天，根据温度确定）采收，鲜食大豆在鼓粒期（80%豆荚充实饱满）豆荚颜色由青绿转浅时采收。有条件的区域可用鲜食玉米/鲜食大豆专用收获机械进行机收。收获后及时进行秸秆旋耕还田，培肥地力。

61. 带状复合种植大豆玉米单独收获的机械选择及注意事项有哪些?

目前，谷物联合收获机保有量较大，一般用于小麦、水稻、玉米等作物收获，通过割台、滚筒、清选等部件调整改造，亦可用于大豆玉米收获。

大豆先收时，应选择窄幅谷物联合收获机，整机宽度应小于玉米带间距离至少20厘米，防止大豆收获作业时夹带玉米植株造成损失；玉米先收、大豆后收时，玉米收获对大豆影响小，可根据现有机具情况选择适宜的谷物联合收获机。

常用的玉米收获机行距一般为60厘米左右，适用于大豆玉米带状复合种植40厘米小行距的玉米收获机机型较少。玉米收获作业时，行距偏差较大会加大落穗损失或降低作业效率，可将割台换装或改装为适宜行距割台，也可换装不对行割台。对于植株分枝较多的大豆品种，收获玉米时，应在玉米收获机割台两侧加装分离装置，分离玉米植株与两侧大豆植株，避免碾压大豆植株（图3-7）。

图 3-7 玉米收获机

62. 大豆玉米带状复合种植一体化收获机械有哪些?

大豆玉米带状复合种植是我国近年来新推广的农艺模式，相配套的收获装备较少，目前仅有 4DYZ-4/2 大豆玉米一体化联合收获机，由农业农村部南京农业机械化研究所与湖北双兴智能装备有限公司联合研制。该机器主要技术特点：① 作业幅宽为 4 行大豆、2 行玉米，大豆行距 30 ~ 35 厘米、玉米行距 40 ~ 45 厘米；配套动力为 78.7 千瓦（107 马力）；粮箱容积为大豆 700 升、玉米 1 700 升；作业效率为 5 ~ 8 亩 / 时。② 大豆玉米带状复合种植模式专用，适应大豆玉米 4 : 2 种植模式。③ 收获作业成本低，一次同时完成 4 行大豆、2 行玉米收获，避免收获机重复下地。④ 大豆玉米分设独立收获系统，玉米摘穗收、大豆籽粒收，双系统作业，作业效率高。⑤ 玉米粮箱液压翻转，卸粮方便，大豆粮箱直接装袋，颗粒归仓。

63. 带状复合种植大豆单独收获机械有哪些？

大豆玉米带状复合种植大豆单独收获机械从收获方式上可分为两类：

一类是用于“大豆先收、玉米后收”收获方式。该类大豆收获机割幅和整车宽度需要与现有大豆玉米带状复合种植模式种植带宽严格匹配。现有大豆收获机主要可用于 4 ～ 6 行大豆收获，具体有：农业农村部南京农业机械化研究所研制的 4LZ–1.5 型大豆联合收获机（图 3–8）、星光农机股份有限公司研制的 4LZD–1.6 型大豆联合收获机、四川刚毅科技集团有限公司研制的 4LZ–1.6 型大豆收获机、久保田农业机械（苏州）有限公司研制的 4LZ–2.5 联合收获机等。

图 3–8　大豆联合收获机

另一类是用于“玉米先收、大豆后收”收获方式。在玉米收获后开始收割大豆，割幅和整车宽度不需要与现有大豆玉米带状复合种植模式种植带宽完全匹配，但为提高作业效率，割幅能覆盖大豆带宽即可。该类收获机主要机型有：久保田农业机械（苏州）有限公司研制的 4LZ-3 联合收获机，潍柴雷沃智慧农业科技股份有限公司研制的 4LZ-8M5（GM80）谷物联合收获机、4LZ-10M6（GM100）谷物联合收获机，中联农业机械股份有限公司研制的 4LZ-6B 谷物联合收获机等。

64. 带状复合种植鲜食大豆收获机械有哪些？

我国大田纯作模式的鲜食大豆（青毛豆）收获机械化率较低，主要以人工采摘和机械脱粒为主，联合收获机械缺乏。可与大豆玉米带状复合种植模式配套的鲜食大豆收获机械产品总体较少，该类收获机具体有：临沂亿卓机械设备有限公司研制的 3TD-16 型青毛豆联合收获机、河北吉龙农业机械有限公司研制的 4YZ-MD1500 毛豆收获机、河北雷肯农业机械有限公司研制的 4YZ-MD 自走式毛豆收获机、山东克林特机械有限公司研制的自走式毛豆脱粒机等。

第四章
病虫草害防控

要点提示

病虫草害的防控是大豆玉米带状复合种植模式推广的关键环节。由于大豆栽培和玉米栽培过程中草害、病害、虫害的互不相同，现阶段复合种植模式下仍然采用大豆和玉米各自防控为主。切记部分防控措施大豆和玉米必须独立实施。

65. 带状复合种植玉米有哪些主要病害?

大豆玉米带状复合种植模式的田间通风透光效果优于纯作模式，病害发生较轻。玉米主要病害有锈病、弯孢菌叶斑病、纹枯病、茎腐病、瘤黑粉病、丝黑穗病、矮花叶病、褐斑病、大斑病、小斑病、鞘腐病和穗腐病等。在实际生产中，田间主要防范病害具体如下。

（1）粒用玉米

① 淮北夏播：小斑病、茎腐病、穗腐病。

② 淮南春播：纹枯病、茎腐病、锈病、穗腐病。

③ 淮南夏播：小斑病、茎腐病、锈病、穗腐病。

（2）鲜食玉米

主要有瘤黑粉病、丝黑穗病、矮花叶病、小斑病、锈病、纹枯病。

（3）青贮玉米

① 淮北夏播：小斑病、茎腐病、弯孢菌叶斑病、锈病。

② 淮南春播：纹枯病、大斑病、小斑病、茎腐病。

③ 淮南夏播：纹枯病、大斑病、小斑病、茎腐病、锈病。

66. 玉米锈病如何防治？

近年来锈病的频发和重发严重威胁着玉米的安全生产，大豆玉米带状复合种植模式也难以避免该病害的发生。常见玉米锈病有南方锈病和普通锈病 2 种。玉米感染锈病后的防治效果，主要由发病时期和发病程度决定。在发病初期，叶片上刚有零星病斑时可喷杀菌剂控制，可选用的药剂有：三唑酮、速保利、多菌灵、特富灵、氟硅唑等。若锈病已达到重发程度，进入锈病发生的后期，则防治的效果将不理想，且进入生育后期的植株高大，无法进行人工田间施药，主要依靠无人机喷药。

图 4–1　玉米南方锈病叶片症状

影响江苏省玉米生产的主要为南方锈病（图 4–1）。该病害的病原菌多为立秋前后的台风或气旋带入外源孢子所致，可结合品种的抗病性和立秋前后的台风过境情况确定是否提前防治。合理施肥，避免偏施氮肥，增施钾肥可提高玉米植株的抗病性。

67. 玉米茎腐病如何防治？

大豆玉米带状复合种植模式中，玉米后期的茎腐病极易造成玉米倒伏，影响机械作业效果。茎腐病是玉米重要的土传病害，根据侵染菌的不同，分为真菌性茎腐病和细菌性茎腐病。

真菌性茎腐病是腐霉菌、镰刀菌等病菌侵染引起的病害，病原菌自根系侵入，在植株体内蔓延扩展。在玉米灌浆期开始发病，乳熟后期至蜡熟期为发病高峰期。从始见茎腐病病叶到全株枯萎，一般5～7天，发病快的仅需1～3天。玉米在乳熟后期常突然成片萎蔫死亡，因枯死植株呈青绿色，故又称青枯病。

细菌性茎腐病主要发生在玉米的拔节至喇叭口期，玉米茎秆生长迅速、植株抗病虫能力弱，该时期叶片的喇叭口形状和紧包的叶鞘易积存水分，遇虫咬、机械摩擦伤口时，常引发玉米细菌性茎腐病（图4–2）。叶鞘上出现水渍状腐烂，发病组织开始软化，散发出臭味。空气相对湿度大时，病斑迅速扩展，严重时发病后3～4天即导致病部以上倒折，溢出腐臭菌液。

图4–2　细菌性茎腐病

防治措施：

① 选用抗病品种。玉米品种间的抗茎腐病特性差异显著，在常发茎腐病区域选择对茎腐病抗性强的品种，可降低发生风险。

② 农业措施。江苏省6月中旬至7月上旬的梅雨过后，春玉米进入乳熟期，是籽粒内含物充实的重要阶段，决定千粒重的大小，此时田间积水易造成真菌性茎腐病大发生，导致玉米植株死亡而形成减产。梅雨过后，夏玉米进入快速生长的喇叭口期，出现细菌性茎腐病的风险增大。雨后应及时清沟排水，防止渍涝胁迫；加强田间管理，避免偏施氮肥；注意防治玉米螟、棉铃虫、蓟马和蚜虫等害虫，以减少植株茎叶伤口，可降低发病风险。

③ 减少菌源。玉米收获结束后，及时清除田间植株病残体；发病严重地区，应避免秸秆还田，适当轮作换茬。当田间出现细菌性茎

腐病时，需使用菌毒清等药剂进行防治。

④ 种子包衣。田间真菌性茎腐病发生时，没有较有效的药剂防治和挽救措施，在播种前选用咯菌腈等杀菌剂对种子进行包衣处理，可降低发病率。

68. 玉米大斑病和小斑病如何防治?

玉米大斑病和小斑病是夏玉米生长中后期最容易发生的 2 种病害，主要危害玉米叶片，严重时苞叶和叶鞘上也可见连片病斑。常由植株下部叶片先开始发病，向上扩展。小斑病的病斑面积比大斑病小得多，但病斑数量多。

防治措施：

① 因地制宜选用抗病品种。

② 加强栽培管理。在拔节及抽雄期追施复合肥，及时中耕、排灌，促进健壮生长，提高植株抗病力。

③ 清洁田园。将病残体集中清理烧毁或深埋，降低病原基数。

④ 化学防治。发病初期及时喷药，使用 25% 吡唑嘧菌酯 40 ～ 50 毫升 / 亩，27% 氟唑 · 福美双 60 ～ 80 毫升 / 亩，41% 甲硫 · 戊唑醇 50 ～ 100 毫升 / 亩，29% 丙环 · 嘧菌酯 35 ～ 50 毫升 / 亩等药剂。从心叶末期到抽雄期，每 7 天喷 1 次，连续喷 2 ～ 3 次。

69. 玉米穗腐病如何防治?

玉米穗腐病是多种病原菌侵染引起的病害，主要由禾谷镰孢菌、轮枝镰孢菌、青霉菌、曲霉菌、枝孢菌、粉红单端孢菌等 20 多种霉菌侵染引起。玉米穗腐病主要通过造成果穗籽粒腐烂而直接引起减产，被产毒真菌侵染的籽粒不能做粮食或饲料，完全失去经济价值（图 4–3）。在穗期虫害（主要是玉米螟、黏虫、象甲虫、桃蛀螟、金龟子、蛴类和棉铃虫等）发生严重的条件下，也会加重该病的发生。

发生规律：

玉米穗腐病是一种气传性、局部侵染的病害，病原菌从玉米苗期至种子贮藏期均可侵入与危害，而霉烂损失主要发生在果穗成熟期和收获风干过程中。病菌以菌丝体、分生孢子或子囊孢子附着在种子、玉米根茬、茎秆、穗轴等植物病残体上腐生越冬，翌年在多雨潮湿的条件下，孢子成熟飞散，落在玉米花丝上兼性寄生，然后经花丝侵入穗轴及籽粒引起穗腐，有些病原菌还可通过疏导组织由根或茎传到穗轴。穗腐的发病程度受品种、气候、玉米螟等害虫危害及农艺活动、果穗（原粮、种子）贮藏条件等多种因素影响。收获期连续降雨及收获后遇阴雨天气，会加重籽粒的霉变，籽粒中霉菌毒素（主要是曲霉菌产生的黄曲霉毒素，镰孢菌产生的伏马毒素、呕吐毒素、赤霉烯酮毒素等）的累积量增大。

图 4-3　玉米穗腐病

防治措施：

玉米穗腐病的初侵染源广，在防治策略上，必须以农业措施为基础，充分利用抗（耐）病品种，改善种子贮存条件，控制环境湿度。田间可实行农药灌心与喷施保护相结合的综合防治措施。

（1）农业防治

选用抗病品种。在发病严重地区，应选用抗性强、果穗苞叶不开裂的品种。实行轮作，清除田间病株残体，加强田间管理，合理密植，合理施肥，地膜覆盖，适期早播。注意防虫，减少植株伤口。剔除病果穗，防止扩展。充分成熟后及时采收，充分晾晒后入仓贮存。

（2）化学防治

① 种子包衣或拌种。可用 20% 福 · 克种衣剂包衣，每 100 千克

种子用药 440 ～ 800 克，或用 30% 多 · 克 · 福种衣剂包衣，每 100 千克种子用药 200 ～ 300 克。② 防治穗虫。在籽粒建成初期，及时防治害虫对穗部的危害。③ 大喇叭口期。用 20% 井冈霉素可湿性粉剂或 40% 多菌灵可湿性粉剂每亩 200 克制成药土点心，可防治病菌侵染叶鞘和茎秆。④ 吐丝期。用 65% 的可湿性代森锰锌 400 ～ 500 倍液喷果穗，以预防病菌侵入果穗。

70. 危害玉米的地下害虫主要有哪些?

地下害虫主要危害玉米的地下及近地面部分，包括刚播种的玉米种子、幼根、嫩茎等，尤其是在播种期及苗期危害最为严重。玉米地下害虫主要有蝼蛄、蛴螬、地老虎、二点委夜蛾和金针虫等。

① 蝼蛄危害后被害部位呈现乱麻状（图 4–4）。

② 蛴螬危害后被害部位咬成孔洞，断口整齐。

③ 地老虎主要从幼苗茎基部咬断导致折倒（图 4–5）。

图 4–4　蝼蛄危害状

图 4–5　地老虎危害状

④ 二点委夜蛾幼虫在玉米幼苗 3 ～ 5 叶期咬食玉米茎基部，形成 3 ～ 4 毫米圆形或椭圆形孔洞，切断营养输送，造成地上部玉米倾斜、倾倒或枯死（图 4–6）。

图 4-6　二点委夜蛾危害状

71. 玉米的食叶害虫主要有哪些?

玉米的食叶害虫主要有玉米螟、棉铃虫、黏虫、草地贪夜蛾、甜菜叶蛾、斜纹夜蛾、蜗牛等（图 4–7 至图 4–13）。对玉米螟、棉铃虫、甜菜叶蛾、草地贪夜蛾等鳞翅目害虫，防治最佳时期在 2 ～ 3 龄前，特别是在心叶中聚集危害时进行防治效果较好。

图 4–7　玉米螟

图 4–8　棉铃虫

图 4–9　黏虫

图 4–10　草地贪夜蛾

图 4-11　甜菜叶蛾

图 4-12　斜纹夜蛾

图 4-13　蜗牛

72. 玉米草地贪夜蛾如何防治?

由于草地贪夜蛾高龄幼虫躲藏在玉米心叶内部或排泄物下面，并且高龄幼虫耐药性增强，还具有暴食习性（6 龄幼虫取食量占整个幼虫期取食量的 80%），所以，为了提高防效、保护作物，要抓住幼虫 3 龄前的关键时期防治。

草地贪夜蛾具有破坏性的阶段（高龄幼虫）常会在玉米心叶内打洞，空中施药效果差。一方面存在药剂的飘移，另一方面空中施药会将农药施用在大片非靶标栖息地上，造成药剂的浪费和环境污染。

草地贪夜蛾防控药剂：氯虫苯甲酰胺、溴氰虫酰胺、虱螨脲、乙基多杀菌素、溴酰·噻虫嗪等化学药剂，甘蓝夜蛾核型多角体病毒、斜纹夜蛾多角体病毒、苏云金杆菌、金龟子绿僵菌、球孢白僵菌、印楝素、苦参·印楝素、草地贪夜蛾性引诱剂等生物制剂。

注意事项：根据草地贪夜蛾的发生危害规律，夏玉米的拔节至喇叭口期和吐丝期一般是草地贪夜蛾、玉米螟、棉铃虫等虫害的高发期，喇叭口和花丝是危害关键部位。药剂使用过程中，同一类型或作用机理的药剂避免重复使用，要注意交替轮换用药，尽量抓住卵孵化盛期和低龄幼虫期防治，能够减少用药量，提高防效（图 4-14）。

图 4-14　新孵化草地贪夜蛾幼虫

73. 玉米黏虫如何防治？

（1）危害症状

玉米黏虫主要以幼虫咬食叶片。小麦成熟后，黏虫向玉米地迁移。1 ～ 2 龄幼虫取食叶片造成孔洞，3 龄以上幼虫危害叶片后呈现不规则的缺刻，暴食时可吃光叶片。大发生时可将玉米叶片吃光，只剩叶脉，造成严重减产，甚至绝收。特别是春播区春小麦和春玉米间作或麦田套播玉米，小麦黄熟后，玉米苗小棵少，全田可迅速被毁。当一块田玉米被吃光后，幼虫常成群结队迁到另一块田危害，故又名“行军虫”。

（2）发生规律

黏虫为典型的迁飞性害虫，每年 3 月至 8 月中旬随气流由南往北偏西方向迁飞，8 月下旬至 9 月又随北偏西气流南迁。江苏省及以南区域是黏虫的越冬区，多以幼虫或蛹在稻茬、稻田埂、稻草堆、茭白丛、莲台、杂草等处越冬。成虫飞翔力强，有昼伏夜出习性，对灯光、糖醋液有较强趋性，喜食花蜜。雌虫产卵有趋向黄枯叶片习性，适宜条件下每雌一生可产卵 1 000 粒，最多达 3 000 粒。在玉米苗期卵产在叶片尖端，成株期产在苞叶或花丝等处，形成纵卷条状卵块，每块卵 20 ～ 40 粒，多者达 200 ～ 300 粒。成虫产卵期和幼虫低龄时雨水协调、气候湿润，黏虫发生重，气候干燥则发生轻，尤其高温干旱不利其发生。但雨量过多、特别是暴雨或暴风雨时可显著降低虫群数量。低温时黏虫钻在玉米心叶里，高温时潜伏在叶片背面，温度适宜时在叶片正面危害。

（3）防治技术

① 诱杀成虫和诱集产卵。一是草把诱杀：发蛾始盛期，每亩用 5 个大谷草把，分别吊在离地 1.0 ～ 1.5 米高的木棍上，每隔 20 ～ 30 米插 1 个，每天清晨抖草把，把落在地上的蛾子踩死。发蛾高峰期，可在田内插小谷草把，诱集成虫产卵，每亩可散插 10 ～ 15 个小谷草把，草把应高出作物 30 ～ 40 厘米。大、小草把都应 5 天换 1 次，换下后立即烧毁。二是糖醋诱杀：取红糖 350 克、酒 150 克、醋 500 克、水 250 克、再加 90% 的晶体敌百虫 15 克，制成糖醋诱液，放在田间 1 米高的地方诱杀黏虫成虫。三是黑光灯诱杀。

② 控制越冬虫源。秋季结合中耕铲除杂草，控制黏虫，减少越冬虫源；麦茬地要在玉米出苗前消灭地面和麦茬上的害虫。

③ 药剂防虫。在幼虫 3 龄前及时防治。可选用 5% 来福灵（S-氰戊菊酯）10 ～ 20 毫升 / 亩、30% 乙酰甲胺磷 120 ～ 240 克 / 亩、5% 高效氯氟氰菊酯 8 ～ 10 毫升 / 亩、100 亿孢子 / 克的球孢白僵菌 600 ～ 800 毫升 / 亩等进行喷雾防治，或使用 25 克 / 升的溴氰菊酯 20 ～ 28 毫升 / 亩拌成毒沙土撒玉米喇叭口。虫龄大时要适当加大用药量；虫量大的田块，可以先拍打植株将黏虫抖落地面，再向地面喷

药，可收到良好的效果；施药时间最好选在晴朗的早晨或傍晚，以提高防治质量。

74. 玉米蚜虫如何防治？

蚜虫又称腻虫、蜜虫，是一类植食性昆虫。蚜虫可对玉米和大豆同时造成危害，严重影响带状复合种植模式下的大豆玉米生长，可造成减产甚至空秆。蚜虫通过随风飘荡的形式可以进行远程迁移，有翅蚜虫可近距离迁飞。蚜虫的繁殖力很强，一年能繁殖 10 ～ 30 个世代，世代重叠现象突出。雌性蚜虫一生下来就能够生育，而且不需要雄性就可以繁殖（即孤雌繁殖）（图 4–15）。

图 4–15　蚜虫

防治措施：

（1）种子包衣

使用吡虫啉、噻虫嗪等内吸性药剂拌种，防治地下害虫的同时防治苗期蚜虫。

（2）药剂防治

在玉米大喇叭口期，结合玉米螟的防治增加吡虫啉、噻虫嗪、吡蚜酮和啶虫脒等药剂，向蚜虫聚集区喷雾，可有效防治蚜虫危害。由于玉米蚜虫多集中在心叶内，在危害的同时分泌“蜜露”，可在叶面形成一层黑色霉状物，影响作物的光合作用和抽雄散粉，导致减产；此外，蚜虫易传播玉米矮花叶病毒病，导致更大危害。在喇叭口期之前，玉米天然的喇叭口形状利于汇聚药液，便于防治蚜虫；进入抽雄期后，心叶包裹雄花，不便于药剂接触到蚜虫，且植株高大难以做喷药操作。蚜虫的防治应早发现早防治，在未达到防治标准的情况下，可针对虫害区域进行选择性防治。

（3）清洁田园

蚜虫除危害玉米外，还能危害高粱、大麦、谷子、水稻、小麦等作物，同时还能在狗尾草、马唐、雀稗、芦苇等杂草上危害。做好田间蚜虫统防统治的同时，还应清理田边杂草，避免蚜虫的迁飞。

75. 玉米田有哪些主要杂草?

大豆玉米带状复合种植的田间杂草发生情况与纯作类似，包括单子叶杂草和双子叶杂草等。玉米田间优势杂草主要有马唐、牛筋草、稗、藜、反枝苋、铁苋菜、苘麻等；难除杂草有马唐、香附子、苍耳、刺儿菜、苣荬菜等。

76. 带状复合种植大豆有哪些主要病害?

大豆玉米带状复合种植大豆常见病害主要有根腐病、拟茎点种腐病、病毒病、炭疽病、细菌性斑点病等。

（1）大豆根腐病

大豆根腐病是一种由镰刀菌、腐霉菌、立枯丝核菌等多种病原真菌引起的根部病害，是一种土传病害，在大豆整个生育期均可发生，以苗期发病最为严重。病原菌在田间病残体或土壤中越冬，于苗期从大豆根部侵入，侵染初期茎基部出现淡红褐色不规则病斑，后变成红褐色凹陷坏死斑，绕根茎扩展至根皮枯死，最终导致受害株根系不发达、植株矮小、结荚减少甚至整株枯死（图4-16）。成株期雨水多、土壤湿度大时病害加重。

图4-16　大豆根腐病

（2）大豆拟茎点种腐病

大豆拟茎点种腐病是由拟茎点霉菌引起的真菌病害，主要危害茎和豆荚，可引起大豆苗期根腐和后期种子腐烂。茎部发病形成褐色或灰白色病斑，后期病部可见纵行排列的小黑点；豆荚染病初期出现近圆形褐色斑，后期变灰白色且干枯并有小黑点，病荚内可见豆粒表面密生灰白色菌丝，豆粒苍白并萎缩，失去发芽能力。病菌以休眠菌丝体在种子和病残体上越冬，病残体和带菌土壤是初侵染源，感病种子是远距离传播的重要途径。在花期和结荚期后，长期阴雨有利于病菌侵染（图4-17）。

图4-17　大豆拟茎点种腐病

（3）大豆病毒病

目前已知有 70 多种病毒可侵染大豆，但其中 70% ~ 95% 由大豆花叶病毒引起。该病在大豆整个生育期均可发生，以苗期到开花结荚期发生危害最为严重，造成叶片颜色斑驳、皱缩、卷曲，植株生长受阻，结荚性差（图 4–18）。带毒种子和播种后的种苗是病害初侵染源，再侵染则往往由桃蚜、豆蚜、大豆蚜等 30 多种蚜虫传毒完成。

图 4–18 大豆病毒病

（4）大豆炭疽病

大豆炭疽病是由炭疽病菌引起的大豆真菌病害，主要危害茎及豆荚。该病从苗期到收获期均可危害，开花期到鼓粒期为易感染期。茎部感病后，产生具有黑色小点的褐色病斑；感病豆荚上密布轮纹状小黑点，不能正常发育，造成减产和籽粒质量降低，影响种子品质（图 4–19）。大豆苗期气温低，生长后期遇高温多雨，易加重发病。

图 4–19 大豆炭疽病

（5）大豆细菌性斑点病

大豆细菌性斑点病是由丁香假单胞菌大豆致病变种引起的细菌病害，危害幼苗、叶片、叶柄、茎及豆荚。幼苗染病，子叶生半圆形或近圆形褐色斑；叶片染病，初生褪绿不规则形小斑点，水渍状，扩大后呈多角形或不规则形，病斑中间深褐色至黑褐色，外围具一圈窄的褪绿晕环，病斑背面有白色菌脓溢出，病斑融合后形成枯死斑块（图 4–20）；茎部染病，初呈暗褐色水渍状长条形，扩展后为不规则状，稍凹陷；荚和豆粒染病，生暗褐色条斑。夏秋季气温低且多雨、多露、多雾天气发病重。

图 4–20　大豆细菌性斑点病

77. 大豆病毒病有哪些主要防控技术？

（1）选用无毒种子及抗病品种

带毒种子是造成大豆病毒病传播的主要因素之一，因此生产上应加强检疫，优先选用无毒种子及抗病品种，播种前剔除褐色籽粒，并在出苗后及时拔除病苗。

（2）加强管理，适时灌溉

做好中耕除草，不但可以减少杂草与大豆争夺水分和养分，而且有利于大豆根瘤菌繁殖，提高大豆的抗病性。在大豆初花期，土壤含水量低于 65% 时，应及时进行灌溉。

（3）及时治蚜，阻断传毒

蚜虫传毒是造成大豆病毒病传播的另一主要因素，因此田间发现蚜虫危害时，应及时采取措施。可采用银灰色膜避蚜和黄板诱杀蚜虫等物理防治措施，以及引入草蛉、食蚜蝇、瓢虫等天敌昆虫的生物防治措施；当蚜虫仍得不到控制时，每亩可用 22% 噻虫嗪·高效氯氟氰菊酯悬浮剂 4 ～ 6 毫升，或 20% 氰戊菊酯乳油 10 ～ 20 毫升，或 20% 哒嗪硫磷 EC 50 ～ 100 毫升喷雾防治。

大豆病毒病危害状见图 4–21。

图 4–21　大豆病毒病

78. 大豆根腐病有哪些主要防控技术?

大豆根腐病是发生在大豆根部的一种土传性病害，在大豆整个生育期均可发生，苗期发病最严重。根腐病一旦发生，往往对大豆造成不可逆转的毁灭性危害，施药挽救的效果并不显著，并且直接向根部施药也存在一定的技术难度。因此，大豆根腐病要以防为主，除选用抗病品种外，种子处理和田间管理措施是最有效的防控大豆根腐病的手段。

（1）种子处理

大豆根腐病由真菌、卵菌等多种病原菌共同侵染，因此在药剂选择上要综合考虑杀真菌剂和杀卵菌剂。另外，地下害虫造成的伤口有利于病原菌侵入，因此种子处理时还需兼顾内吸性杀虫剂。可选用 6.25% 精甲霜灵·咯菌腈、25% 噻虫嗪·精甲霜灵·咯菌腈、27% 噻虫嗪·咯菌腈·苯醚甲环唑等药剂对种子进行拌种处理，预防根腐病的发生。

（2）优化田间管理措施

播种前，及时翻耕，平整细耙，破坏板结层，改善土壤通气状态，为大豆出苗及根系的生长发育创造良好的条件，切忌播种过深；适时中耕培土，促进根系发育，增强大豆的抗病性。

79. 大豆炭疽病有哪些主要防控技术？

（1）精选良种

大豆炭疽病是一种真菌性病害，在大豆的各个生育期均有发生，常引起幼苗和豆荚枯死及籽粒质量降低而减产。被大豆炭疽病菌侵染的种子萌发率低，影响种子质量。因此，应选择籽粒饱满、无病的种子及抗病品种，播种前及时清除田间病株残体，减少越冬病源。

（2）合理施药

在大豆炭疽病发病初期，可用70%代森锰锌可湿性粉剂400～500倍液，或60%百泰干悬浮剂1 000倍液，或25%咪鲜胺乳油1 500倍液，每隔7～10天喷施1次，连续喷2～3次。也可在大豆开花后用25%炭特灵可湿性粉剂500倍液喷雾防治。

80. 大豆霜霉病有哪些主要防控技术？

大豆霜霉病是由东北霜霉菌引起的卵菌病害。病菌以卵孢子在病残体上或种子上越冬，随种子发芽而萌发并从寄主胚轴侵入，进入生长点向全株蔓延成为系统侵染病害。初侵染时叶片基部出现褪绿斑块并沿叶脉向上扩展；成株期叶片表面形成多角形枯斑，背面密生灰白色霉层（图4-22）；豆荚受害，内壁有灰色霉层，种子表面布满一层白霉。在大豆播种时土壤温度低，大豆霜霉病发病期遇阴雨天气，湿度大、温度高低交替等情况下发病重。

图 4-22 大豆霜霉病

（1）优选种子

选用抗病品种是防治大豆霜霉病的最佳途径。除此之外，大豆播种前要严格选种，清除病粒。采用无病种子播种，可减少初侵染源，有利于降低大豆苗期发病率，减少成株期菌源量。

（2）加强田间管理

霜霉菌卵孢子可在大豆病茎、病叶上残留，在土壤中越冬。提倡秋收后，彻底清除田间病株残体并进行土壤翻耕，减少初侵染源；增施磷钾肥以及排除豆田积水等，可以减轻发病；中耕铲地时注意铲除系统侵染的病苗，减少田间侵染源。

（3）合理利用化学农药

播种前，可用 72.2% 霜霉威盐酸盐、35% 甲霜灵粉剂、80% 三乙磷酸铝可湿性粉剂、70% 敌克松可湿性粉剂，用量为种子质量的 0.1% ～ 0.3%。田间发病后，可喷施霜脲・锰锌、啶酰菌胺、嘧菌酯、吡唑醚菌酯等药剂。注意施药时应避开阴雨天、大风天、中午炎热时段及有雾或露水大时。

81. 大豆锈病有哪些主要防控技术?

大豆锈病由豆薯层锈菌引起，主要侵染叶片、叶柄和茎。叶片发

图 4-23　大豆锈病

病初生黄褐色斑，病斑扩展后叶背面稍隆起，即病菌夏孢子堆，表皮破裂后散出棕褐色粉末（夏孢子）（图 4-23）。生育后期，在夏孢子堆四周形成黑褐色多角形稍隆起的冬孢子堆。植株一般先从下部叶片开始发病，后逐渐向上部蔓延，直至株死，严重时造成豆荚瘪粒，荚数减少，百粒重减轻。若早期发病，则几乎不能结荚，造成严重减产。该病主要分布在热带及亚热带区域，江苏省发生较少。

除选用抗病品种外，大豆锈病的防治以化学药剂为主，应在发病初期及时喷洒药剂，每隔 10 天左右喷 1 次，连续 2 ～ 3 次。可选用 43% 戊唑醇悬浮剂 16 ～ 20 毫升 / 亩，或 25% 嘧菌酯悬浮剂 40 ～ 60 毫升 / 亩，或 15% 三唑酮可湿性粉剂 1 500 倍液，或 25% 丙环唑乳油 3 000 倍液。除此之外，应加强田间管理，适当降低氮肥施用量，增施磷钾肥，以提高大豆抗病能力。

82. 大豆虫害主要有哪些?

根据危害特性，大豆玉米带状复合种植的大豆虫害主要包括以下几类。

食叶类害虫：斜纹夜蛾、甜菜夜蛾、大豆卷叶螟、棉铃虫、豆天蛾、小造桥虫、大造桥虫、豆芫菁、叶潜蝇、二十八星瓢虫、二星瓢虫、蠡斯等；

刺吸式害虫：蚜虫、点蜂缘蝽、茶翅蝽、绿蝽、筛豆龟蝽、烟粉虱、小绿叶蝉、蓟马等；

蛀食性害虫：大豆食心虫、豆荚螟、豇豆荚螟、大豆高隆象、豆秆黑潜蝇等；

地下害虫：蛴螬、小地老虎等；

其他有害生物：红蜘蛛、蜗牛等。

83. 大豆斜纹夜蛾和甜菜夜蛾有哪些防控技术?

① 农业防治：秋末冬初翻耕可消灭部分越冬蛹；春季 3 月至 4 月除草，消灭杂草上的低龄幼虫，结合田间管理，摘除背面有卵块和低龄幼虫团的叶片，带出田间集中消灭。

② 物理防治：成虫发生期，利用成虫的趋化性，用性诱剂或糖醋液诱杀成虫；选用黑光灯或杨树枝把诱蛾；集中连片使用频振式杀虫灯诱杀成虫。

③ 生物防治：保护和利用自然天敌草蛉、猎蝽、蜘蛛、步甲等控制斜纹夜蛾和甜菜夜蛾种群数量。

④ 化学防治：在幼虫 3 龄以前，及时喷药防治。每亩使用 10% 甲维·毒死蜱乳油 55 ~ 60 毫升，或 20% 三硫磷高效氯氰菊乳油 80 ~ 100 毫升，兑水 30 ~ 40 千克喷雾。因幼虫多在夜间活动，可在午后或傍晚进行喷药作业。

甜菜夜蛾幼虫及危害状见图 4-24。

图 4-24 甜菜夜蛾危害状

84. 大豆食心虫有哪些防控技术?

① 农业防治：选用抗虫或耐虫品种；合理轮作，尽量避免重茬；及时收割运出并清理田间落荚枯叶，进行秋翻秋耙，破坏食心虫越冬场所。

② 生物防治：在成虫产卵期释放赤眼蜂；在老熟幼虫入土前，用白僵菌防治脱荚幼虫。

③ 化学防治：在卵孵化盛期，每亩用 25 克 / 升高效氯氟氰菊酯微乳剂 15 ～ 20 毫升，或 14% 氯虫 · 高效氯氟氰菊酯悬浮剂 10 ～ 20 毫升，或 20% 氰戊菊酯乳油 10 ～ 30 毫升，或 25 克 / 升溴氰菊酯乳油 16 ～ 24 毫升，或 20% 亚胺硫磷 EC 350 ～ 450 毫升，兑水 30 ～ 40 千克喷雾防治，施药时间以上午为宜，重点喷洒植株上部。

大豆食心虫危害状见图 4–25。

图 4–25　大豆食心虫危害状

85. 大豆蚜虫有哪些防控技术?

① 农业防治:因地制宜选用优良抗蚜品种，及时铲除田边、沟边、塘边杂草，减少虫源。

② 物理防治：利用银灰色膜避蚜和黄板诱杀蚜虫。

③ 生物防治：保护和利用瓢虫、草蛉、食蚜蝇、小花蝽、蚜小蜂、烟蚜茧蜂、草间小黑蛛等控制蚜虫。

④ 化学防治：当田间有蚜株率达 20% ～ 30%，或百株蚜量 1 000 头以上，气候适宜，天敌较少不能控制时，应开展药剂防治。每亩用 22% 噻虫嗪 · 高效氯氟氰菊酯悬浮剂 4 ～ 6 毫升，或 20% 氰戊菊酯乳油 10 ～ 20 毫升，或 20% 哒嗪硫磷乳油 50 ～ 100 毫升，兑水 30 ～ 40 千克喷雾防治；也可进行种子处理防治蚜虫，每 100 千克种子使用 48% 噻虫嗪悬浮种衣剂 160 ～ 180 毫升。

大豆蚜虫危害状见图 4–26。

图 4–26　大豆蚜虫危害状

86. 大豆豆荚螟有哪些防控技术?

① 农业防治：选用早熟、丰产、结荚期短、少毛或无毛的品种；与非豆科作物轮作；及时翻耕整地或除草松土，杀死越冬幼虫和蛹。

② 生物防治：成虫产卵盛期释放赤眼蜂。

③ 化学防治：成虫盛发期和卵孵化盛期，可亩用 20% 氯虫苯甲酰胺悬浮剂 6 ～ 12 毫升，或 20% 氰戊菊酯乳油 20 ～ 40 毫升，兑水 30 ～ 40 千克喷雾。

大豆豆荚螟危害状见图 4–27。

图 4–27　大豆豆荚螟危害状

87. 大豆点蜂缘蝽有哪些防控技术?

① 农业防治：作物收获后及时清除田间枯枝落叶和杂草，带出田外堆沤或烧毁，消灭部分越冬成虫。

② 生物防治：保护利用草蛉、寄生蜂及捕食性蜘蛛等天敌。

③ 化学防治：在成虫、若虫危害期，每亩使用 2.5% 溴氰菊酯乳油 15 ～ 20 毫升，或 45% 马拉硫磷乳油 60 ～ 80 毫升，或 48% 毒死

蜱乳油 30 ~ 40 毫升，兑水 30 ~ 40 千克均匀喷雾。

大豆点蜂缘蝽见图 4-28。

图 4-28　大豆点蜂缘蝽

88. 大豆蛴螬等地下害虫有哪些防控技术?

① 农业防治：精耕细作，及时镇压土壤，清除田间杂草，腐熟厩肥，以降低虫口数量。在发生严重的地区，秋冬翻地可把越冬幼虫翻到地表使其风干、冻死或被天敌捕食，机械杀伤，防效明显。

② 物理防治：可使用频振式杀虫灯防治成虫。

③ 生物防治：利用茶色食虫虻、金龟子黑土蜂、白僵菌等捕食或寄生蛴螬。

④ 化学防治：土壤处理，可用 50% 辛硫磷乳油每亩 200 ~ 250 毫升，加水 10 倍，喷于 25 ~ 30 千克细土中拌匀成毒土，顺垄条施。种子处理，使用 9% 克百威悬浮种衣剂拌种，药种比 1 :（50 ~ 60）。沟施颗粒剂，每亩用 0.5% 毒死蜱颗粒剂 30 ~ 36 千克，撒于种沟中，

兼治蝼蛄、金针虫等地下害虫。

土壤里的蛴螬见图 4–29。

图 4–29　蛴螬

89. 带状复合种植大豆田有哪些草害?

江苏省大豆玉米带状复合种植的大豆田主要草害有稗属杂草、马唐属杂草、千金子（图 4–30）、虮子草（图 4–31）、狗尾草（图 4–32）、金色狗尾草（图 4–33）、牛筋草（图 4–34）、饭包草（图 4–35）、鸭跖草（图 4–36）、马瓟瓜、青葙（图 4–37）、马齿苋（图 4–38）、龙葵（图 4–39）、马松子、鳢肠（图 4–40）、苘麻（图 4–41）、苍耳（图 4–42）、头状穗莎草（图 4–43）等。其中，稗属杂草主要有稗（图 4–44）、无芒稗（图 4–45）、光头稗（图 4–46）、西来稗（图 4–47）；马唐属杂草主要有马唐（图 4–48）、毛马唐（图 4–49）和止血马唐。

图 4-30　千金子

图 4-32　狗尾草

图 4-31　虮子草

图 4-33　金色狗尾草

图 4-34　牛筋草

图 4-35　饭包草

图 4-37　青葙

图 4-36　鸭跖草

图 4-38　马齿苋

图 4-39　龙葵

图 4-40 鳢肠

图 4-41 苘麻

图 4-42 苍耳

图 4-43　头状穗莎草

图 4-44　稗

图 4-45　无芒稗

图 4-46　光头稗

图 4-47　西来稗

图 4-48 马唐

图 4-49 毛马唐

90. 大豆田单子叶杂草如何防除?

大豆玉米带状复合种植的大豆田单子叶杂草可通过大豆播后苗前土壤封闭或苗后茎叶处理进行防治。

大豆播后苗前，可选用 960 克 / 升精异丙甲草胺乳油 60 ～ 85 毫升 / 亩（或 72% 异丙草胺乳油 120 ～ 170 克 / 亩，或 50% 乙草胺乳油 100 ～ 140 克 / 亩，或 720 克 / 升异丙甲草胺乳油 100 ～ 150 克 / 亩）兑水 30 升，均匀喷雾。精异丙甲草胺、异丙草胺、乙草胺和异丙甲草胺对大豆和玉米安全，可以全田使用。除草剂的封闭效果和安全性与土质、土壤平实度、墒情、土表秸秆覆盖量等多个环境因素有关。

行家指点

农田耕种和管理应尽可能创造有利于土壤封闭除草剂充分发挥药效、避免药害发生的环境条件。土壤湿度过低时，适当增加喷液量利于提升封闭防效。建议使用电动喷雾器或自走式植保机喷雾，不建议使用担架式植保机和植保无人机，不可漏喷、重喷。

大豆和一年生禾本科杂草 3 ～ 5 叶期，可选用 108 克 / 升高效氟吡甲禾灵乳油 30 ～ 45 毫升 / 亩（或 150 克 / 升精吡氟禾草灵乳油 60 ～ 70 毫升 / 亩，或 10% 精喹禾灵乳油 32.4 ～ 43.2 毫升 / 亩，或 240 克 / 升烯草酮乳油 20 ～ 40 毫升 / 亩）兑水 30 升，定向均匀喷雾。选择上午或傍晚的无风或微风时定向喷雾，喷雾器上应配备防止雾滴漂移的防护罩或采用物理隔帘将大豆和玉米隔开施药，防止除草剂飘移到邻近作物。同时，也应注意除草剂不能径流到邻近其他作物。采用二次稀释法配药，雨前 1 小时不要喷药。

91. 大豆田双子叶杂草如何防除？

大豆播后苗前，选用 75% 噻吩磺隆水分散粒剂 1.3 ～ 2.2 克 / 亩或 80% 唑嘧磺草胺水分散粒剂 2 ～ 4 克 / 亩，兑水 30 升，均匀喷雾。噻吩磺隆和唑嘧磺草胺对大豆和玉米安全，可以全田使用。操作要点及注意事项与单子叶杂草防除相同。

大豆 1 ～ 3 片复叶、一年生阔叶杂草出齐后 2 ～ 4 叶期，可选用 480 克 / 升灭草松水剂 150 ～ 200 毫升 / 亩，兑水 30 ～ 40 升，全田茎叶均匀喷雾；也可以选用 20% 乙羧氟草醚乳油 20 ～ 30 毫升 / 亩，兑水 30 ～ 40 升，定向喷雾。灭草松对大豆和玉米安全，可以全田使用；乙羧氟草醚对玉米不安全，要采用物理隔帘将玉米隔开，对大豆茎叶定向喷雾施药。

行家指点

灭草松和乙羧氟草醚在晴天活性高，作用迅速，除草效果好，施药后 8 小时内应无雨；最好在下午 4 点以后施药，避开中午高温时段；遇高温干旱、低温，以及在大豆和玉米生长弱小时，应慎用。

第五章

防灾减灾

要点提示

江苏省具有独特的地理环境，春夏季节台风、高温、干旱、涝等自然灾害时有发生，是影响农业生产的重要因素。在大豆玉米带状复合种植模式下由于大豆和玉米的不同生长特性，栽培过程中更需要关注和处理灾害带来的影响，防止复合种植模式下受灾后大豆或玉米的损失。

92. 玉米防高温热害技术措施有哪些？

江苏省夏玉米的抽雄散粉期常与高温伏旱季节相遇，其中高温和干旱的叠加直接威胁散粉期玉米的授粉结实和灌浆鼓粒。为实现抗逆保丰收，应视情况加强田间管理。

（1）高温热害的危害及症状

① 影响穗分化。高温会加快玉米生育进程，使穗分化时间缩短，影响雌雄穗分化数量和质量，易造成雄穗分枝变短、变小，花药发育不全、花粉粒数量和活性降低，雌雄穗发育不协调。热害发生阶段，遇土壤水分不足，常导致高温干旱复合发生，玉米雌雄穗发育和授粉受精受影响将会更重。

② 影响结实。高温会造成授粉结实不良、秃尖变长，出现各种各样的畸形穗（图 5–1、图 5–2）；籽粒灌浆速率加快，但灌浆持续期缩短，千粒重下降，最终产量降低。

图 5–1　高温影响授粉，花丝持续伸长

图 5–2　高温造成结实差

③ 影响光合作用。高温会造成叶片光合作用减弱，呼吸消耗增强，干物质积累下降。高温持续时间长，严重时会造成叶片大量枯死，雌穗因营养不足而授粉不良，籽粒败育增多。

（2）处理措施

应坚持“以水调温、叶面喷施、防止早衰”的技术路线，增强玉米的抗高温能力。

① 以水调温。高温和干旱相伴相随，叠加影响玉米散粉结实，造成高温不结实和高温逼熟。应结合天气预报，适期喷、灌水，改变农田小气候，缓解胁迫，避免高温和干旱交叉胁迫。

② 叶面喷施防早衰。叶面喷施 50 毫克 / 升的甜菜碱，或 10 毫摩尔 / 升氯化钙溶液，或磷酸二氢钾 800 ～ 1 000 倍液，或尿素 600 ～ 800 倍液等外源调节物质，可直接补充水分、增加植株营养，又可防止高温干旱对功能叶的伤害，延缓衰老，稳定结实率，促保产。

③ 辅助授粉。在上午 10 点之前，采用竹竿赶粉、拉绳抖动或无人机扰动等促进散粉的辅助授粉方法，让更多的花粉落在花丝上，减少高温干旱对授粉和结实率的影响。

93. 高温热害对大豆生长的影响及防护措施有哪些？

高温热害对大豆的生长影响，主要体现在营养生长阶段的旺长和生殖生长阶段的落花两方面。大豆遇高温热害时，在水肥充足的情况下，植株生长速度快，容易形成徒长，节间长、植株高，引起后期倒伏减产；若水肥不足，则容易形成生长停滞。大豆花期遇到高温，容易形成只开花不结荚，落花落荚。因为高温干旱引起大豆不能正常授粉，幼荚不能正常发育。大豆开花适宜温度为 25 ～ 28℃，适宜的空气相对湿度为 70% ～ 90%，气温长时间维持在 33℃以上，大豆花粉将会干瘪，造成授粉不良。

防护措施：① 选用耐热大豆品种。② 合理安排种植密度，以行播代替撒播。③ 及时喷灌调温，可以在每天早上进行一次喷灌，傍晚到晚上再进行一次喷灌。④ 科学施肥增强抗性。

94. 降低台风对玉米影响的技术措施有哪些？

带状复合种植模式的缩行增密措施，使玉米带内的植株交叉增加，密集种植形成了一面“挡风墙”，在出现台风等强对流天气时，极易造成倒伏或倒折灾害，不仅影响玉米的光合性能，阻碍营养物质运输，加重病虫鼠害，降低产量等，还会影响大豆和玉米的收获，造成大豆品质的下降，影响复合种植综合效益。提高玉米抗风灾能力应注意以下几方面。

（1）选用抗灾能力强的良种

为了提高玉米抵御风灾的能力，宜选用株型紧凑、茎秆组织较致密、抗风能力强的高产优质玉米良种。

（2）健康栽培，培养壮苗

健康栽培应根据各地的具体情况实施，首先要适当深耕，增施有机肥和磷钾肥，玉米切忌偏肥，尤其是偏施速效氮肥；其次应适时早播，注意早管，特别是高肥水地块苗期应注意化学控旺，结合中耕促进玉米根系健壮发育，培育壮苗；第三，中后期结合追肥进行中耕培土，并做好玉米螟等病虫害的防治工作。

（3）适当调整玉米种植行向

带状复合种植模式中，玉米的株距远小于行距，其行间的气流疏导能力远远大于株间。在风灾较为严重的地区，倒伏往往成为带状复合种植的限制因素。可根据当地的常发风向，调整玉米行向，以缓解大风形成的风险。

95. 降低台风对大豆影响的技术措施有哪些?

台风容易造成大豆植株倒伏，同时台风带来的雨水也容易形成涝灾。大豆遇到台风，要根据倒伏时期和倒伏程度，因地因情施策。在大豆开花期以前遭遇大风，出现倒伏，可不采取措施，靠植株自我调节进行恢复，基本不影响产量。若开花期以后出现严重倒伏，如倒伏4级（植株倒伏于地），则会影响以后的田间管理和机械收获，可能减产30%左右。建议不要再人工扶起，以免植株折断，造成更大的产量损失。轻度倒伏的可以人工适当扶起，两行对扶，增加田间通风透光，减少落荚，尽量降低产量损失。同时喷施叶面肥，延长叶片功能期，减少落荚，增强抗病能力，提高粒重。可喷施0.3%磷酸二氢钾、0.1%钼酸铵，若发现有脱肥现象，则可同时叶面喷施0.5%尿素。间隔5～7天，晴天下午3点后，连喷2～3次，建议采用植保无人机作业。

96. 大豆防渍害有哪些主要技术措施?

渍害，亦称“湿害”。主要表现为南方多雨地区，在连续降雨或低洼地土壤水分过多，地下水位很高，土壤水饱和区侵及根系密集层，使根系长期缺氧，造成植株生长发育不良而减产。防止渍害影响，首先要清理“三沟”，雨后应及时检查，排除田间积水，降低田间土壤持水量。其次是出现渍害后要根据苗情及时查苗、定苗，及时进行移栽或补种，确保无大面积缺苗。三是可以在大豆第一片复叶展开后，喷施盖草能和氟磺胺草醚除草剂化学除草，防止雨后草荒，注意定向喷施，防止影响玉米生长。另外适量追肥，以追施叶面肥为主。对雨后旺长田块，注意化控防倒。对于长势较旺的地块，在大豆盛花期前喷施化控剂防止旺长和后期倒伏。

97. 玉米防涝减灾有哪些主要技术措施?

（1）播前开“三沟”

播种前，根据地形开好“三沟”（围沟、腰沟和畦面沟）。围沟宽 60 ～ 70 厘米，深 50 ～ 60 厘米（一次开沟，多年使用）；腰沟宽 30~40 厘米，深 30 ～ 40 厘米；畦面沟上沿宽 25 ～ 30 厘米，深 25 ～ 30 厘米。沟系畅通、能灌能排，实现降雨过程中田间沟系自流排出，雨停后畦面无积水，暴雨后畦面沟积水 2 天内排净（图 5–3）。

（2）板茬直播

使用具备粉碎和抛撒功能的收获机械收获小麦，田间秸秆抛撒均匀，麦茬高度 12 厘米左右，秸秆长度控制在 10 ～ 15 厘米。小麦收获后不对田块进行耕翻，采用玉米免耕播种施肥机，一次完成播种、施肥、镇压等工序，作业质量符合 NY/T 1628—2008 的要求（图 5–4）。

图 5-3 “三沟”排水降渍

图 5-4 板茬直播

（3）适时早播

无玉米粗缩病发生风险的区域，小麦收获后，及时抢墒早播，缩短农耗期，促苗早发，确保苗期错开雨季。

① 良种选择。选择根系发达，苗期渍涝胁迫耐受性好，叶片持绿性好，后期小斑病、褐斑病和南方锈病等叶斑病抗性中抗以上的品种，种子质量不低于 GB 4404.1—2008 的要求。

② 农田建设。加强农田排水设施建设和土地整理，保障整块田的坡降标准不低于 NY/T 2148—2012 的规定。

③ 渍涝缓解。一是中耕追肥。玉米受渍害时，及时中耕松土，破除板结，排出耕层过多水分，散墒通气。同时在植株旁 10 ～ 15 厘米、深 10 厘米处追施尿素 15 千克 / 亩左右，促进根系恢复养分吸收。二是喷施生长调节剂。玉米受渍害后喷施磷酸二氢钾和尿素作叶面肥，同时加入多胺、芸苔素内酯等生长调节剂，缓解渍涝胁迫对玉米的影响，促进养分吸收和籽粒灌浆。

（4）病虫害防控

降水较多时，田间湿度增大，容易诱发玉米褐斑病、纹枯病、南方锈病等病害，按照“预防为主，综合防治”的原则，做好病虫测报，病虫害发生时及时开展统防统治，使用化学农药时，按照 GB/T 8321.10—2018、GB/T 23391.1—2009 的规定执行。

（5）化控防倒

对旺长田块，在 7 ～ 10 片展开叶时喷施玉米化控剂，控制营养体过大、促进根系下扎、增强抗倒性，构建高产群体（图 5–5）。

（6）适期晚收

玉米发育至完熟期，在果穗苞叶干枯、松散、呈黄白色，籽粒“乳线”消失、黑层出现、呈现出特有形状和光泽时收获，可增加粒重，提高产量。直接收获籽粒的田块比收获果穗的田块再推迟 10 天左右，在叶片完全枯黄、籽粒水分下降后收获。

图 5-5　化控对比

98. 大豆防涝减灾有哪些主要技术措施?

大豆种植期间，遇到大雨天气，田间积水久不排出，导致大豆植株根系缺氧，造成烂根、烂叶、落花落荚，甚至引起植株死亡，从而形成涝灾（图 5-6）。此外，田间积水还会使大豆病害加重，有时会形成大范围的次生灾害。

技术措施：以预防为主，在整地时及时开好沟，低洼地还要加深沟深度，要做到沟渠配套，降低大豆田地下水位，有条件的地区可以

图 5-6　大豆田淹水导致植株生长不良

进行垄作栽培（图 5-7）。大豆播种后若遇连阴雨天气，则要及时排出田间积水和耕层滞水，做到雨停积水排出。若积水时间较长，出现烂根、死苗，造成缺苗断垄，则要及时进行查田补栽，缺苗严重的及时补种或重种。对灾情严重田块要抓住季节，及时改种其他作物。此外，涝后高温高湿天气，易孳生大量病菌，锈病、蚜虫、豆荚螟、食心虫等病虫害的危害会加大，要及时防治。

图 5-7 大豆田垄作防涝

99. 玉米生产遇到干旱有哪些主要应对措施?

根据江苏省的气候特点和玉米的生育进程，玉米的水分敏感期主要为春夏玉米的播种期干旱影响出苗，夏玉米的抽雄散粉期影响授粉结实。针对不同时期出现的干旱胁迫，主要应对措施如下。

（1）造墒播种

对于底墒不足且播种后 7 天内无有效降雨的田块，种子容易“吊死”，故应在播种后广泛挖掘水源，及时人工浇水补墒。夏玉米播种高峰期，各地农业及水利部门一般会组织开泵调水，补充内河、大沟水源。气象条件允许时，也会适时采用人工降雨缓解干旱。种植业者应结合天气预报，采用漫灌、喷灌、滴灌等多种不同方式做好灌溉补墒，同时注意清沟理墒，尤其是夏玉米谨防梅雨季节的旱涝急转。

（2）播后等雨

江苏省春夏玉米的播种阶段常会出现不同程度的降雨过程，若出现阶段性的干旱，且预报未来 5 天内有中雨以上的降雨，则可结合天气状况和土壤墒情，采取播种后等雨的策略，抢抓农时。尤其是夏玉米可采取免耕带肥播种，不对地块进行耕翻作业，充分利用秸秆覆盖的降温保墒作用，减少土壤水分流失。

（3）预防“伏旱”

7 月下旬至 8 月上旬是江苏省夏玉米“伏旱”的高发季节，且高温和干旱相伴相随，叠加影响玉米散粉结实，造成高温不结实和高温逼熟。应结合天气预报适期喷、灌水，改变农田小气候，坚持“以水调温、叶面喷施、防止早衰”的技术路线，增强玉米的抗逆能力，避免高温和干旱交叉胁迫。同时辅助喷施叶面肥和人工辅助授粉，提高结实率，提高产量水平。

100. 玉米化控最佳时期及技术要求有哪些?

大豆玉米带状复合种植的玉米带植株密度大，在雨水充足、施肥过多的情况下，更容易出现旺长。若前期长势过旺，致使玉米节间长、茎秆细弱，后期则极易倒伏，尤其是抽雄前的抗倒折能力弱。玉米旺长，还会竞争大豆的光照和水肥资源，直接影响大豆的生长，造成大豆减产。化控是调控玉米株型、协调大豆玉米光照资源分配的常用技术措施，费用低、见效快。

（1）化控的作用

玉米喷施化控剂可促进茎秆坚韧和根系发达，茎增粗，节间缩短，降低株高和穗位高，使玉米植株的重心下降，受风面积减小，增强茎秆的抗倒能力；促使玉米叶片宽大肥厚，提高叶片光合作用；改善通风透光条件，增加大豆冠层透光率，减少对大豆的遮阴。

（2）适用范围和最佳时期

① 适用范围。适用于风大、易倒伏的地区和水肥条件较好、生长偏旺、种植密度大、品种易倒伏、对大豆遮阴严重的田块。种植密度合理、生长正常地块可不化控。

② 化控的最佳时期。玉米 7 ～ 10 片展开叶时是化控的最佳时期，过早化控效果差，过晚影响穗发育，不利于理想株型的建立。

（3）常用化控药剂

控制玉米旺长的药剂很多，登记在玉米上的生长调节剂以矮壮素、乙烯利等为主要成分的单剂或复配剂为主，如 40% 乙烯利、30% 胺鲜· 乙烯利、30% 28- 表芸 · 乙烯利和 30% 芸苔 · 乙烯利等。

（4）注意事项

① 化控剂只能选择一种，不可多种混用、重复用，以免因成分叠加药量增大而产生药害。② 严格按照推荐用量和药剂说明书的浓度使用，浓度过大、用量过多会造成药害。③ 根据玉米的田间长势，选用合适的化控剂适时控旺。药液现配现用，均匀喷洒于植株上部叶片，不重喷、不漏喷。生长较弱的植株、矮株不能喷。晴天下午 4 点后喷药效果较好，喷后 6 小时遇雨应酌情减量再喷 1 次。遇刮风天气，应顺风施药，并戴上口罩，喷药后要立即用肥皂洗手。

101. 玉米常用的控旺剂及使用方法有哪些？

玉米的控旺剂，登记在农药上的产品主要有 40% 乙烯利、30% 胺鲜 · 乙烯利、30% 28- 表芸 · 乙烯利和 30% 芸苔 · 乙烯利等；在肥料上登记的产品金得乐因含有类乙烯利的有效成分，也具有明显的控旺效果。

具体使用方法如下。

① 30% 胺鲜·乙烯利：用量 20～25 毫升 / 亩，茎叶喷雾；在玉米 6～12 叶期叶面喷施，一扫而过，不重喷、不漏喷，干旱期及弱苗不喷；大风天或预计 1 小时内有雨，勿施药；在玉米生长期只允许使用 1 次。

② 40% 乙烯利：用量 10～15 毫升 / 亩，茎叶喷雾；在玉米 6～12 片叶时喷洒顶部；大风天或预计 1 小时内有雨，勿施药。

③ 30% 28- 表芸·乙烯利：用量 10～20 毫升 / 亩，茎叶喷雾；在玉米 6～12 叶期，喷雾施药；每季最多使用 1 次。

④ 30% 芸苔·乙烯利：用量 26.7～32.0 毫升 / 亩，茎叶喷雾；在玉米大喇叭口后期，抽雄穗前 1 周，均匀喷洒在玉米的上部叶片；施药后田间加强水肥管理。

第六章
大豆玉米带状复合种植江苏案例解析

第一节　干籽粒大豆玉米 4∶2 模式

1. 概况

该示范点共计 300 亩，由江苏滨海县龙耕家庭农场种植，采用 2 行玉米 + 4 行大豆模式，玉米品种选用‘MY73’，大豆品种选用‘苏豆 18’，于 6 月 27 日至 7 月 5 日用专用播种机播种。

2. 技术模式

采用玉米与大豆带状复合种植，既充分发挥高位作物玉米的边行优势，扩大低位作物大豆受光空间，实现玉米带和大豆带年际间地内轮作，又适于机播、机管、机收等机械化作业，在同一地块实现大豆玉米和谐共生、一季双收。该示范点是玉米带种植 2 行，大豆带种植 4 行，通过调控作物的株行距，使玉米种植密度与当地纯作基本相当、大豆种植密度达到当地纯作的 70% 以上，实现“玉米基本不减产，增收一季豆”的目标。

3. 关键技术路线

① 秸秆离田。前茬小麦收获实行秸秆离田，播种前进行整地灭茬。

② 种子处理。玉米采用包衣种子，大豆播种前用噻虫嗪 · 溴氰虫酰胺悬浮种衣剂（40% 福亮）进行拌种。

③ 提前开沟。在播种前提前开沟，确定大豆玉米带状复合种植一个完整带幅宽 2.7 米。

④ 种肥同播。采用专用播种机进行种肥同播等多项作业，玉米株距和行距分别为 12 厘米和 40 厘米，大豆株距和行距分别为 8 厘米和 30 厘米，确保玉米种植密度在 4 000 株 / 亩以上，大豆种植密度在 10 000 株 / 亩以上。采取种肥异位同播，玉米基肥亩施 30 千克高氮缓（控）释肥，大豆基肥亩施 20 千克氮磷钾（$N-P_2O_5-K_2O=15-15-15$）三元复合肥。

⑤ 化学除草。播种后出苗前，用 96% 精异丙甲草胺乳油（金都尔）100 毫升 / 亩进行封闭除草；出苗后根据田间杂草情况，选用合适药剂进行定向除草，喷施除草剂时，利用分带喷雾机采取物理隔离方式进行定向喷施，防止产生药害。在大豆 2 ～ 3 片复叶期，采用精喹禾灵 30 毫升 / 亩、氟磺胺草醚 30 克 / 亩，进行大豆田定向除草。

⑥ 肥水管理。播种至出苗墒情适宜，出苗较好；在 7 月底玉米大喇叭口期结合浇水追施氮磷钾（$N-P_2O_5-K_2O=15-15-15$）三元复合肥 25 千克 / 亩。

⑦ 病虫害防治结合防灾减灾。玉米大喇叭口期或大豆花荚期病虫害发生较集中时，注意玉米螟、纹枯病等病虫害防治，时间为玉米大喇叭口—抽雄期、大豆结荚—鼓粒期，采用“杀菌剂、杀虫剂、增效剂、调节剂、微肥”五合一套餐兑水均匀喷雾处理，每隔 10 天喷 1 次，连续喷 2 次；大豆甜菜夜蛾发生时期，用 2.5% 高效氯氟氰菊酯乳油 70 克兑水进行喷雾防治，每隔 10 天喷 1 次，连续喷 2 次；8 月初遇高温天气，并在大豆初花期、玉米抽穗初期用无人机喷施叶面肥磷酸二氢钾和芸苔素，隔 7 ～ 10 天再喷施 1 次，共喷施 3 次，提高作物抗逆性，增加灌浆能力，提高结实率。

⑧ 适时收获。根据玉米大豆成熟情况适时收获。大豆 10 月 15 日用专用收获机收获；玉米 10 月 28 日选择自走式玉米联合收获机收获

籽粒。

4. 产量结构

经考察，玉米平均每亩有效穗数 4 100 穗，千粒重 350.1 克，每穗粒数 512.5 粒，理论产量 735.6 千克 / 亩；大豆每亩株数 12 000 株，每株有效结荚数 20.8 个，每荚粒数 1.9 粒，百粒重 26.4 克，理论产量 125.2 千克 / 亩。

实收产量：2022 年 10 月 21 日，全国农技推广中心和江苏省农技推广总站有关专家按照相关要求对该示范点进行了现场考察和实施测产。具体情况：在百亩方中选取有代表性的田块，现场随机选点机械实收测产。收获 3 个生产单元，实收面积 3 亩，实收玉米 2 509.6 千克，水分含量 24.1%，折合标准水分产量 729.8 千克 / 亩；实收大豆 401.28 千克，水分含量 17.2%，折合标准水分产量 127.3 千克 / 亩。

第二节　鲜食大豆/鲜食玉米带状复合种植模式

要点提示

“小麦—鲜食玉米 / 鲜食大豆”周年绿色高效复合种植技术（图 6-1）是在传统间套作基础上创新发展而来，该技术实现了良种良法配套、农机农艺结合、生产生态双赢。主要技术内容包括优质小麦绿色高效防控技术和鲜食玉米 / 鲜食大豆带状复合种植技术。

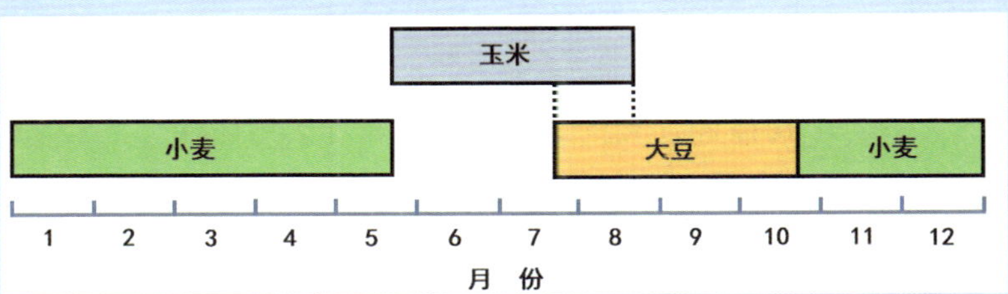

图 6-1　“小麦—鲜食玉米 / 鲜食大豆”复合种植周年时间安排

江苏南通地区在传统间套作基础上，通过推广鲜食玉米/鲜食大豆带状复合种植，周年光温资源利用率提高10%以上，能有效解决项目区三熟不足两熟有余、光温资源配置不合理等问题。该技术通过"干改鲜"，满足了市场对鲜食产品需求，使得每亩农田周年产值提高25%以上，每亩农田经济效益增加15%以上，实现农民增产增收。

1. 品种选用与种子准备

玉米选用紧凑或半紧凑型耐密高产中矮秆品种，如'苏玉糯1号''苏玉糯2号''苏玉糯14'等；大豆选用耐阴、耐密、抗倒的大豆品种，如'通豆6号'等。玉米采用包衣种子；大豆在播种前选用发芽率在95%以上的种子，用烯效唑、碧护等拌种，每千克种子用5%的烯效唑可湿性粉剂12毫克在塑料袋中来回抖动数次即可。

2. 带状复合种植株行距配置

玉米约4 000株/亩，大豆约10 000株/亩。适当缩小玉米、大豆株穴距，达到纯作的种植密度。带状复合种植行距配置如图6–2所示。

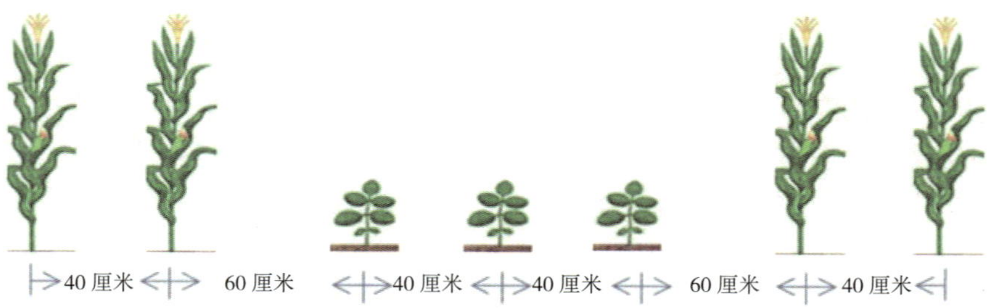

图6–2 带状复合种植行距配置示意图

3. 适期播种、巧施肥、控旺长

玉米6月上旬播种，大豆7月下旬至8月上旬播种。玉米基肥每亩施纯氮5～7千克、磷肥（P_2O_5）6～8千克、钾肥（K_2O）6～8千克，攻穗肥每亩施纯氮7～9千克；大豆基肥每亩施磷肥（P_2O_5）3～5千克、钾肥（K_2O）3～5千克，不需要单独施用氮肥，玉米收获后或大豆初花期，根据大豆田间长势每亩追施纯氮2～3千克。在玉米10～12叶展开时，每亩用40%玉米健壮素水剂25～30克，兑水15～20千克，均匀喷施于玉米的上部叶片上。大豆分枝期或初花期每亩用5%的烯效唑可湿性粉剂24～48克，兑水40～50千克均匀喷施于茎叶。

4. 病虫害防治技术

玉米除按主要病虫害发生规律防治外，还应加大对玉米、大豆共生期间玉米害虫的防治，以减少对共生大豆的影响。每千克玉米种子选用拌有益5克+满适金2毫升+康宽4毫升，兑水25毫升进行拌种，防治地下害虫、丝黑穗病；玉米大喇叭口期用20%氯虫苯甲酰胺悬浮剂8毫升/亩防治玉米螟；后期用井冈霉素喷秆或人工剥去病叶防治蜗牛、纹枯病。

大豆苗期重点防治豆秆黑潜蝇，出苗后7天、15天、21天施药预防，或在黑潜蝇发生期进行防治，每亩用5%甲氨基阿维菌素苯甲酸盐乳油10毫升；分枝期及时防治根腐病，每亩用50%甲基托布津可湿性粉剂或65%代森锌可湿性粉剂100克，兑水50千克茎叶喷雾；全生育期注意防治蚜虫、红蜘蛛。

5. 杂草防控技术

采用人工机械或化学除草。化学除草以苗前封闭为主，带状间作每亩用50～80毫升金都尔，播后地表喷雾进行封闭。

带状套作在玉米3～5叶期，每亩用4%烟嘧磺隆60毫升混38%阿特拉津100毫升，兑水15～20千克均匀喷雾；大豆出苗前每亩用96%金都尔50～80毫升混70%嗪草酮20～30克；玉米收获后每亩用大豆专用除草剂5%精喹禾灵乳油25毫升，或12.5%拿捕净80～100毫升混48%苯达松（排草丹、灭草松）130～200毫升，兑水15～30千克均匀喷雾除草。

6. 带状复合种植机械选型

根据玉米、大豆种植幅宽，从现有动力机械中，筛选出微耕机械和间套作播种机，提高机械化种植效率。

通过推广该技术，能有效解决项目区化肥农药过量施用、耕地质量下降、三熟不足两熟有余、周年温光资源利用率低等问题，保障农产品质量安全，改良农田土壤结构，高效利用周年温光资源。同时，根据市场多元化需求，通过“干改鲜”，满足了市场对鲜食产品的需求，促进了农业经济节本增效，农民增收。

2022 年，该种植模式在江苏海门江心沙农场示范 800 亩，辐射带动周边约 3 000 亩，每亩产值增加约 2 000 元，经济效益每亩增加约 1 500 元。

后 记

本书的编写和出版得到了江苏省财政厅、江苏省农业农村厅、江苏省科学技术厅等单位的悉心指导，江苏省农业科学院、江苏省农业技术推广总站、南京农业大学、扬州大学、农业农村部南京农业机械化研究所、江苏沿江地区农业科学研究所、江苏徐淮地区徐州农业科学研究所、江苏徐淮地区淮阴农业科学研究所及盐城市粮油作物技术指导站等多家单位给予大力支持并积极参与。

本书是在大豆–玉米带状复合种植技术协同推广计划（2022-ZYXT-02-1）、大豆玉米带状复合种植关键技术研究与集成示范自主创新联合体项目、江苏省科学技术厅项目、江苏省现代农业（特粮特经）产业技术体系、江苏省现代农业（大豆油料）产业技术体系、大豆玉米带状复合种植推广试点（2022-DZFH-02）等项目的资助下完成的。

此外，我们也十分感谢国家大豆玉米带状复合种植专家指导组、国家大豆产业技术体系相关专家、四川农业大学杨文钰教授及团队、江苏省大豆玉米带状复合种植专家指导组等给予的支持与帮助。

陈　新

2023年7月